"十二五"职业教育国家规划教材
经全国职业教育教材审定委员会审定

幕墙装饰施工

主　编　郝永池

副主编　薛　勇　蔡红新　马红漫

参　编　赵志文　翟晓静　王国辉

U0216992

机械工业出版社

本书是"十二五"职业教育国家规划教材，经全国职业教育教材审定委员会审定。本书共分为8个教学项目单元，项目1认知建筑幕墙；项目2主要介绍建筑幕墙材料选择与验收；项目3主要介绍建筑幕墙设计的基础知识和要求；项目4主要介绍玻璃幕墙构造与施工；项目5主要介绍石材和人造板幕墙构造与施工；项目6主要介绍金属幕墙构造与施工；项目7主要介绍采光顶构造与施工；项目8主要对新型幕墙进行了介绍。每一项目教学单元均设有相应的项目实训。

　　本书可作为建筑类相关专业的教材，也可供相关工程技术人员学习参考。

　　为方便教学，本书配有电子课件，凡使用本书作为教材的教师可登录机工教育服务网 www. cmpedu. com 注册下载。咨询邮箱：cmpgaozhi@ si-na. com。咨询电话：010 - 88379375。

图书在版编目（CIP）数据

幕墙装饰施工/郝永池主编. —北京：机械工业出版社，2015.12（2022.1 重印）

"十二五"职业教育国家规划教材

ISBN 978-7-111-51772-6

Ⅰ. ①幕…　Ⅱ. ①郝…　Ⅲ. ①幕墙 – 工程施工 – 高等职业教育 – 教材　Ⅳ. ①TU767

中国版本图书馆 CIP 数据核字（2015）第 239832 号

机械工业出版社（北京市百万庄大街 22 号　邮政编码 100037）
策划编辑：常金锋　覃密道　责任编辑：常金锋
责任校对：樊钟英　　　　　　封面设计：路恩中
责任印制：常天培
固安县铭成印刷有限公司印刷
2022 年 1 月第 1 版第 4 次印刷
184mm × 260mm · 12.5 印张 · 307 千字
标准书号：ISBN 978-7-111-51772-6
定价：34.00 元

电话服务	网络服务
客服电话：010-88361066	机　工　官　网：www. cmpbook. com
010-88379833	机　工　官　博：weibo. com/cmp1952
010-68326294	金　书　　　网：www. golden-book. com
封底无防伪标均为盗版	机工教育服务网：www. cmpedu. com

前　　言

　　本书是"十二五"职业教育国家规划教材，经全国职业教育教材审定委员会审定。

　　高等职业教育是为培养适应生产、建设、管理、服务第一线需要的高等技术应用型人才。本书正是结合高等职业教育的特点，突出了先进性、实践性和综合性。本书编写过程中做到了教材结构与职业标准的衔接、教材内容与行业标准的衔接、教学项目设计与现场工作的衔接、教材水平设置与中职教育的衔接、教材建设与教学资源库的衔接"五个衔接"，使教材具备定位合理、直观、便于学习等特点。本书编写过程中，汲取了当前幕墙企业中已经采用的"四新"技术，即幕墙装饰施工中出现的新材料、新技术、新工艺和新方法，全面体现了教材的技术先进性。教材内容认真贯彻我国现行规范及有关文件，从而增强了教材的适应性、应用性，具有时代性的特征。教材编写在力求做到保证知识的系统性和完整性的前提下，以项目教学划分教学单元。每个教学项目增加了项目操作训练，通过实训练习，强化学生的专业技能和工作能力，培养学生的实践能力和综合应用能力。

　　本书由河北工业职业技术学院郝永池任主编，河北工业职业技术学院薛勇、山西工程职业技术学院蔡红新、河北建工集团马红漫高级工程师任副主编，湖南交通工程职业技术学院赵志文、河北交通职业技术学院翟晓静、河北粤华装饰有限公司王国辉高级工程师参加了本书的编写。全书由郝永池统稿，在本书编写过程中，还得到了有关单位和个人的大力支持，在此表示感谢。

编　者

目　录

项目 1 ▶▶▶▶▶

认知建筑幕墙

学 习 目 标

通过本项目的学习，要求学生掌握建筑幕墙的基本概念、分类和特点；了解建筑幕墙的产生与发展，了解中国幕墙行业和行业标准、中国幕墙企业和主要岗位职责；熟悉幕墙装饰施工特点和基本要求，对建筑幕墙有一个初步的认知和了解。

建筑幕墙是现代建筑科学、新型建筑材料和现代建筑施工技术的共同产物。人类居住从山洞迁移到自建茅棚是一种进化；从茅棚迁移到可以遮风蔽雨的砖石房屋也是一种进化；从笨重的砖石房屋转化到现在轻质高强、施工方便、美观大方的幕墙建筑更是一种进化。建筑幕墙是建筑产业的一场革命，也是现代建筑技术的一项重大突破。

1.1 幕墙的基本概念、分类和特点

1.1.1 幕墙的基本概念

建筑幕墙是一种由面板与支承结构体系（支承装置与支承结构）组成的，可相对主体结构有一定位移能力，不分担主体结构所受作用的建筑外围护或装饰性结构。

作为建筑幕墙，必须具有以下两个特征：

1）幕墙是由面板和支承结构组成的独立、完整的结构系统。

2）幕墙必须能适应主体结构的变形和位移，幕墙应具有相应的自身变形能力或（和）相对于主体结构的位移能力。

1.1.2 幕墙分类

1）按面板材料可以分为玻璃幕墙、金属板幕墙、石材幕墙、人造板材幕墙和组合面板幕墙。玻璃幕墙按照构造可分为框架式玻璃幕墙、点式玻璃幕墙和全玻璃幕墙，框架式玻璃幕墙根据面板支承形式可分为明框玻璃幕墙、隐框玻璃幕墙和半隐框玻璃幕墙，半隐框玻璃幕墙又可分为横明竖隐和竖明横隐的形式。

2）按密闭形式可以分为封闭式幕墙和开放式幕墙。

3）按幕墙施工方法可以分为单元式幕墙和构件式幕墙。

最新的建筑幕墙规范把双层幕墙、金属屋面和采光顶也归入幕墙的范畴，建筑幕墙分类如图 1-1 所示。

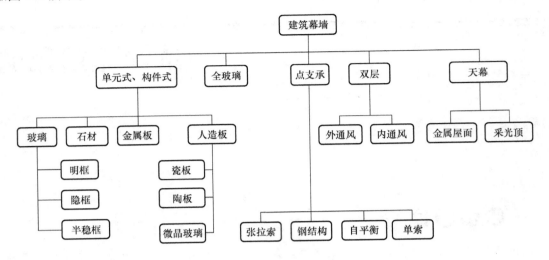

图 1-1　建筑幕墙分类示意图

1.1.3　幕墙的特点

1）建筑幕墙是外围护结构，不是填充墙，它自身具有完整的结构系统，通常包封主体结构。面板与梁、柱、面之间的距离通常为 150～200mm，设计上多用 180mm。

2）在自身平面内可承受较大的变形，相对主体结构有足够的变形能力。如果设计上采取适当的措施，甚至当主体结构侧移达到 1/60 时，幕墙也不会发生破坏。

3）只承受本身的荷载且传给主体结构，不分担、也不传递主体结构荷载。

4）质量轻，节省主体结构与基础的费用。玻璃幕墙的质量只相当于砖墙的 1/12～1/10，相当于混凝土墙面的 1/7～1/5。计算指出，石材墙面为 600～800kg/m²，砖墙为 760kg/m²。200mm 厚空心砖墙的质量为 250kg/m²，玻璃幕墙只有 35～40kg/m²，铝板幕墙只有 20～25kg/m²。例如，一座 150m 高的建筑物，外墙面积为 20000m²，如采用幕墙可减轻墙体自身质量5000～12000t。

5）保护主体结构，温度变化时应力小。由于幕墙是外围护结构，当承受自然界冷热变化时，可起到隔离作用保护主体结构，减少主体结构温度应力；面板与框架多为柔性连接，可赋予主体结构抵抗温度变化的能力；由于其质量轻，硅酮结构胶又有承受变形的特点，可提高抵抗地震的能力，承受温度变化的能力强。

隐框玻璃幕墙是用硅酮结构密封胶将铝型材与玻璃粘接在一起，硅酮结构密封胶有一定的柔性。石材干挂胶、石材耐候密封胶、金属幕墙用的硅酮耐候密封胶都有一定的柔性。

6）理论的形成及系统化，如雨屏原理，解决了长期存在的雨水渗漏的问题。

7）高层和超高层建筑，为减轻自重，提高抗震性能，大多都采用幕墙作为围护结构。

8）材料品种少、工业化生产程度高，降低了劳动力消耗，提高了工作效率。

9）可降低运输费用，维修简单，可替换性强。

1.1.4　传统幕墙优缺点

1. 玻璃幕墙

（1）玻璃幕墙的优点　玻璃幕墙是当代的一种新型墙体，它赋予建筑的最大特点是将建筑美学、建筑功能、建筑节能和建筑结构等因素有机地统一起来，建筑物从不同角度呈现出不同的色调，随阳光、月色、灯光的变化给人以动态的美。在世界各地的主要城市，均建有宏伟华丽的玻璃幕墙建筑，如纽约世界贸易中心、芝加哥石油大厦、西尔斯大厦、北京长城饭店和上海联谊大厦等。

（2）玻璃幕墙的缺点　玻璃幕墙也存在着一些局限性，例如光污染、能耗较大等问题。此外，玻璃幕墙不耐污染，尤其在大气含尘量较多、空气污染严重、干旱少雨的北方地区，玻璃幕墙极易蒙尘，这对城市景观而言，非但不能增"光"，反而丢"脸"。所用材料材质低劣，施工质量不高，出现色泽不均匀、波纹各异，由于光反射的不可控制性，导致了光环境的杂乱，但这些问题随着新材料、新技术的不断出现，正逐步纳入建筑造型、建筑材料、建筑节能的综合研究体系中，作为一个整体的设计问题加以深入的探讨。

2. 金属幕墙

（1）金属幕墙的优点　金属幕墙中的主导产品是铝板幕墙。到目前为止，铝板幕墙一直在金属幕墙中占主导地位，其轻量化的材质，减少了建筑的负荷，为高层建筑提供了良好的选择条件；防水、防污、防腐蚀性能优良，保证了建筑外表面持久长新；加工、运输、安装施工等都比较容易实施，为其广泛使用提供强有力的支持；色彩的多样性及可以组合加工成不同的外观形状，拓展了建筑师的设计空间；较高的性能价格比，易于维护，使用寿命长，符合业主的要求，因此铝板幕墙备受青睐。

（2）金属幕墙的缺点　金属幕墙系统的抗变形能力较差，必须对幕墙系统的每个重要部位进行科学的力学计算，考虑风压、自重、地震、温度等作用对幕墙系统的影响，对埋件、连接系统、龙骨系统、面板及紧固件进行仔细校核，确保幕墙的安全性。具体措施如下：

1）板块之间的浮动连接。浮动式连接保证了幕墙变形后的恢复能力，保证幕墙的整体性，不会使幕墙因受作用力而造成变形，避免幕墙表面鼓凸或凹陷情况的发生。

2）板块的固定方式。板块的固定方式对板块的安装平整度起着决定性作用。板块各个固定点的受力不一致会造成面材的变形影响外饰效果，所以板块的固定方式必须采用定距压紧的固定方式，保证幕墙表面的平整度。

3）复合型面材材料折边处的补强措施。因复合型面板材料的折边只保留了正面板材厚度，厚度变薄，强度降低，所以折边必须有可靠的补强措施。板背面可合理设置加强筋，以增加板面的强度和刚度。加强筋的布置距离以及加强筋本身的强度和刚度，必须满足要求，以保证幕墙的使用功能及安全性。

4）合理的防水密封方式。防水密封方式很多，如结构防水、内部防水、打胶密封等。不同的密封方式价格也不尽相同，应选择适合的密封方式用于工程中，保证幕墙的功能及外饰效果。

3. 石材幕墙

（1）石材幕墙的优点　石材幕墙天然材质，光亮晶莹、坚硬永久、高贵典雅。具有：

1）较好的耐冻性：石材在潮湿状态下，能抵抗冻融而不发生显著破坏者，此性能称为

3

耐冻性。岩石孔隙内的水分在温度低到零下 20℃时，发生冻结，孔隙内水分膨胀比原有体积大 10%，岩石若不能抵抗此种膨胀所产生的力，便会出现破坏现象。一般若吸水率小于0.5%，就不考虑其抗冻性能。

2）较高的抗压强度：石材的抗压强度会因矿物成份、结晶粗细、胶结物质的均匀性、荷重面积、荷重作用与解理所成角度等因素，而有所不同。若其他条件相同，通常结晶颗粒细小而彼此粘结的致密材料，具有较高的强度。致密的火山岩在干燥及饱和水分后，抗压强度并无差异（吸水率极低），若是多孔性及怕水的胶结岩石，其干燥及潮湿的强度，就有显著差别。

（2）石材幕墙的缺点

1）笨重的石材做高层建筑外墙存在诸多严重危险性。市场上低档次花岗石用在高层石材幕墙中，会很危险。

2）石材幕墙防火性能很差，尤其是高层建筑，火灾一般在室内燃起，建筑内的大火会使挂石板的不锈钢板和金属结构温度升高，使钢材软化失去强度，石板将会从高层形成石板"雨"落下，不仅对行人造成危险，也给消防救火造成困难。

1.2 建筑幕墙的产生与发展

1.2.1 国际上建筑幕墙的产生与发展

第一代幕墙（1850～1950 年）：国外最早出现的准幕墙用于 1917 年美国旧金山的哈里德大厦（玻璃幕墙），但真正意义上的玻璃幕墙是上世纪 50 年代初建成的纽约利华大厦和联合国大厦（框式幕墙）。

第二代幕墙（1950～1980 年）：比较简单的幕墙开始大量出现（框式幕墙、单元幕墙）。

第三代幕墙（1980 年～今）：幕墙体系更完备，各种新型材料得到广泛运用，细部处理更合理（点式幕墙、玻璃肋幕墙及各种新型幕墙）。

第四代幕墙（2000 年～今）：在绿色节能的倡导下，双层呼吸式幕墙、光电幕墙应运而生。

1.2.2 我国建筑幕墙的产生与发展

我国建筑幕墙行业从 1983 年开始起步，到 21 世纪初已成为世界第一幕墙生产大国和使用大国，正在向幕墙强国发展。

我国建筑幕墙的发展大致分为以下三个阶段：

第一阶段（1983～1994 年）：引进消化。1983 年以北京长城饭店和上海联谊大厦幕墙为标志，幕墙开始出现并飞快发展。

第二阶段（1995～2001 年）：发展与整顿。1995 年我国引进点支承幕墙，后来又引进背栓式石材幕墙、陶土板幕墙等新技术、新材料。引进国外技术的同时，我国也开始结合本国国情有所创新。

第三阶段（2002～2010 年）：节能与创新。能源是关系到国计民生的大问题，第二次石油危机爆发以后，世界各国对能源的问题十分重视。我国政府审时度势，颁布并实施了建筑节能政策，以双层幕墙、光电幕墙为代表的节能型幕墙得到快速发展。

1.2.3　我国幕墙应用状况

20 世纪 80 年代以来，我国的一些大中城市开始在公共建筑，如商场、宾馆、写字楼、体育馆和机场等，广泛使用有框（包括隐框、半隐框）玻璃幕墙，为美化城市做出了很大贡献。

我国第一个现代玻璃幕墙高层建筑——北京长城饭店，于 1985 年竣工，该工程玻璃幕墙的设计和施工均由外商负责。玻璃幕墙将建筑外围护墙的防风、防雨、保温、隔热、防噪声等使用功能与建筑装饰功能有机地融合为一体，从而受到业主和建筑师的青睐。

北京长城饭店首开国内建筑采用玻璃幕墙的先河。随后，在全国各地陆续出现了许多玻璃幕墙建筑，如北京的京广中心、国贸中心、港澳中心；上海的联谊大厦、国际贸易中心、瑞金宾馆；广州的白天鹅宾馆等。

20 世纪 90 年代，我国成功地引入了点支式玻璃幕墙技术。北京市迎接建国 50 周年的献礼工程——北京植物园植物展览温室主体结构由几十榀不同高度、不同跨度，不在同一平面内的钢架组成，由于采用了点支式玻璃结构体系，更完美地体现了建筑艺术的魅力。

上海大剧院采用了点支式玻璃幕墙体系，建筑风格新颖别致，融汇了东西方的文化韵味，白色弧形拱顶和具有光感的玻璃幕墙有机结合，在灯光的烘托下，宛若一座水晶宫殿。

随着光电材料的发展，LED 逐渐运用到大型玻璃幕墙中，位于上海市浦东新区陆家嘴黄金地段的震旦国际大厦则完美地把 LED 显示屏与玻璃幕墙结合起来。

近年来，随着国家对节能和环保要求越来越高，双层幕墙越来越发挥出其独特的优点。双层幕墙不同于传统的单层幕墙，它由内外两道幕墙组成。内外幕墙之间形成一个相对封闭的空间，空气可以从下部进风口进入这一空间，又从上部排风口离开这一空间，这一空间经常处于空气流动状态，称之为热通道。

1.3　中国幕墙行业和行业标准

1.3.1　中国幕墙行业概况

1. 幕墙产量发展概况

我国建筑幕墙从 1983 年开始起步，30 余年来，伴随着我国国民经济的持续快速发展和城市化进程的加快，我国建筑幕墙行业实现了从无到有、从外资一统天下到国内企业主导、从模仿引进到自主创新的跨越式发展，到 21 世纪初，我国已经发展成为幕墙行业世界第一生产大国和使用大国。2014 年，我国已经成为全球最大的幕墙门窗市场，建筑幕墙门窗的需求量占全球需求总量 2/3 以上，其中玻璃幕墙占到全部幕墙的 60% 以上。其他高科技含量类幕墙产品（智能幕墙、生态幕墙、膜结构幕墙等）占比较小，尚不足 4%。根据中国建筑装饰协会《中国建筑装饰行业“十二五”发展规划纲要》，到 2015 年，中国建筑幕墙行业产值规模要达到 4000 亿元，2011 ~ 2015 年期间年均复合增长率达到 21.7%。

2. 幕墙行业“走出去”概况

经过 30 多年的快速发展，我国的建筑幕墙企业已经具备了相当的实力，大型骨干幕墙企业完全有能力独立自主地承接各类体量大、技术含量和设计水平高的幕墙工程，其在产品研发、工程设计、生产制造、安装施工等方面已经达到或接近国际先进水平。目前我国建筑业国外承包工程已占近 1/3，在各行业中居首位，而幕墙行业国外承包工程占比不高，因此对于我国建筑幕墙企业而言，国际市场发展空间巨大。

　　我国建筑幕墙企业已显示出一定的国际竞争优势，如江河幕墙承建的澳门梦幻之城、阿联酋阿布扎比 Gateway Sky 大厦、新加坡金沙综合娱乐城；深圳金粤幕墙装饰工程有限公司承建的美国拉斯维加斯酒店、新加坡生物谷；沈阳远大铝业工程有限公司承建的俄罗斯联邦大厦、阿联酋迪拜商业湾；中航三鑫股份有限公司承建的哈萨克斯坦欧洲中心酒店等幕墙工程。这些企业为国内幕墙企业走出国门参与国际竞争积累了经验。

　　在全球振兴经济的过程中，房地产业、建筑业作为拉动经济的重要引擎，都将保持一定的规模和发展速度，特别是经济快速发展的"金砖四国"、掌握全球能源供应的资源大国等，投资与建设规模将会进一步增长，为中国建筑装饰企业特别是幕墙企业开拓国际市场提供了新的发展空间。

1.3.2　幕墙行业的主要特点

　　1）市场空间大。由于幕墙产品的体积大、产品形成的过程长的特征，加上运输成本、关税的影响，幕墙市场基本属于地域性市场，国内城镇化建设和建筑企业的空前发展，使幕墙行业具有巨大的市场前景。以此为基础，国际市场也将成为今后发展的空间。

　　2）行业的成熟度不断提高，竞争日趋激烈。相对于其他工业挤压型材制品而言，由于幕墙的规格较为固定，而且精度和强度的要求不是特别高，铝挤压型材的加工技术已经相当成熟，产品的差异性逐步缩小，导致竞争异常激烈。

　　3）国际化程度高。由于铝型材的挤压工业很早就加入了国际市场的竞争，同时规范化的幕墙也是由国外引入的，近年我国建筑业的蓬勃发展，国外许多业界的强手都纷纷进入中国市场，使国内的市场更加成熟，给整个产业带来了新的技术和管理模式，这对市场的进一步完善是十分有益的。

　　4）产品发展限制相对较少。从金属制品工业看，幕墙属于最终的消费品，不像产品的零件或配件，由客户来定规格；幕墙企业只要了解消费者生活品质的潜在需要，就可以针对铝门窗幕墙的结构、配件或制造进行研究开发，从而可以创造出许多的改良形式或新型的铝门窗幕墙。因此产品和技术的创新在幕墙领域有很大的空间，同时也是竞争的焦点。

　　5）幕墙产业关联性单纯，生产经营风险相对集中。从产业链的具体情况可以看出，幕墙产业的上中下游的关联性较为单纯，产业的兴衰完全依赖于建筑业，其市场经营的风险基本上集中在唯一的下游产业。由此可见，国内厂商在建筑业建立广泛的市场营销通道最为重要。另外，铝工业（铝型材、铝板）、玻璃工业的发展会直接制约制造成本，因此生产经营风险相对集中。

　　6）管理水平有待提高。由于市场竞争严酷，同行业竞争严重，融资体系不健全，企业的实力相对较小，垫资惊人，应收款额大，拖累发展。另外，市场的无序竞争也相当激烈，使整个产业管理水平有待提高。

1.3.3　中国幕墙行业标准

　　1. 中国幕墙标准（规范）的诞生及发布

　　1983～1996 年，我国建筑幕墙行业没有标准。1991 年，建设部下达编制《玻璃幕墙工程技术规范》和《建筑幕墙》的通知（建标［1991］第 413 号）。1996 年 7 月 30 日，建设部发出"关于发布行业标准《玻璃幕墙工程技术规范》（JGJ 102—1996）的通知"（建标［1996］第 447 号），同日公布《建筑幕墙》（JG 3035—1996），自 1996 年 12 月 30 日起施行。1997 年，建设部建标［1997］第 71 号文件要求编制《金属与石材幕墙工程技术规范》。

《金属与石材幕墙工程技术规范》（JGJ 133—2001）已于 2001 年 6 月 1 日起实施。

目前，《玻璃幕墙工程技术规范》（JGJ 102—2003）已代替 JGJ 102—1996，于 2004 年 1 月 1 日起实施。《建筑幕墙》（GB/T 21086—2007）已代替 JG 3035—1996，于 2008 年 2 月 1 日起实施。

2. 中国幕墙标准（规范）的发展

首批幕墙标准（规范）和这些管理文件使中国的幕墙行业迅速走上了快速、健康的发展之路，同时幕墙行业的发展也加速了国内建筑门窗、幕墙产品标准、技术规范的修订和编制工作。在住建部统一领导和组织下，先后又颁发了《建筑幕墙工程质量检验标准》《建筑幕墙物理性能分级》《建筑幕墙光学性能》《建筑幕墙平面内变形性能检测方法》《建筑幕墙抗震性能振动台试验方法》等标准，这些标准的发布使幕墙技术标准形成了一个比较完整的标准化体系。

另外，一些地方也出台了地方标准，例如：上海市标准《建筑幕墙工程技术规程（玻璃幕墙分册）》（DBJ 08—56—1996）；四川省地方标准《建筑幕墙技术规程》（DB 56/5008—1994），也有一些协会标准，如中国工程建设标准化协会标准《点支式玻璃幕墙工程技术规程》（CECS 127：2001）、上海市工程建设标准化办公室推荐的上海市建筑产品推荐性应用标准《全玻璃幕墙工程技术规程》（DBJ/CT 014—2001）等。

与幕墙有关的设计规范《建筑结构荷载规范》《建筑抗震设计规范》《钢结构设计规范》《冷弯薄壁型钢结构技术规范》等进行了修订，与幕墙有关的材料（铝型材、铝板、密封胶、紧固件、石材）标准，也随着这些材料采用新技术、新工艺、新品种而不断更新。

我国 1999 年成立了建设部建筑制品与构配件产品标准化技术委员会，2004 年成立了幕墙门窗分会，简称为建设部幕墙门窗标准化技术委员会，其主要对建筑门窗幕墙的技术标准实行统一管理、统一计划、统一审查、统一编号、统一发布。目前我国建筑门窗幕墙已建立了包括标准的计划、制定与修订，标准的推广实施，标准研究与技术支撑的运行机制，积累了一定的标准化组织管理经验。现在涉及建筑门窗与建筑幕墙产品、工程技术、配套产品、原材料、试验方法等的国家标准、技术规范和行业标准、技术规范，已达 200 多项。这些标准、技术规范既参照了国际标准和发达国家标准的相关内容，又结合了我国复杂的地理气候环境和国情，相当多的标准和技术规范的科学性、实践性、系统性都达到了国际水平或国际先进水平。

3. 幕墙标准化工作目前存在的一些问题

1）技术标准的市场适用性差，具体表现在：标准的制定、修订滞后于科技和工程的发展；技术标准总体水平不高；标准之间存在不协调，甚至互相矛盾的现象。

2）标准制定、修订及服务的信息化程度低，不能适应社会各方面的需求。

3）标准化人才欠缺和制定、修订标准经费不足。

4）标龄过长，我国幕墙标龄大多在 10 年左右，远超过发达国家。

5）企业在标准化中的主体作用尚未确立。

6）标准化与科技创新体系脱节。

7）重采标、参标，轻自主制定。

1.3.4　幕墙基本术语

1）建筑幕墙（curtain wall for building）：由面板与支撑结构体系（支撑装置与支撑结

构）组成的、可相对主体结构有一定位移能力或自身有一定变形能力、不承担主体结构所受作用的建筑外围护墙。

2）构件式建筑幕墙（stick built curtain wall）：现场在主体结构上安装立柱、横梁和各种面板的建筑幕墙。

3）单元式幕墙（unitized curtain wall）：由各种墙面板与支撑框架在工厂制成完整的幕墙结构基本单位，直接安装在主体结构上的建筑幕墙。

4）玻璃幕墙（glass curtain wall）：面板材料是玻璃的建筑幕墙。

5）石材幕墙（natural stone curtain wall）：面板材料是天然建筑石材的建筑幕墙。

6）金属板幕墙（metal panel curtain wall）：面板材料外层饰面为金属板材的建筑幕墙。

7）人造板材幕墙（artificial panel curtain wall）：面板材料为人造外墙板（包括瓷板、陶板和微晶玻璃等，不包括玻璃、金属板材）的建筑幕墙。

① 瓷板幕墙（porcelain panel curtain wall）：以瓷板（吸水率平均值 $E \leqslant 0.5\%$ 的干压陶瓷板）为面板的建筑幕墙。

② 陶板幕墙（terra – cotta panel curtain wall）：以陶板（吸水率平均值 $3\% < E \leqslant 6\%$ 和 $6\% < E \leqslant 10\%$ 的挤压陶瓷板）为面板的建筑幕墙。

③ 微晶玻璃幕墙（crystallitic glass curtain wall）：以微晶玻璃板（通体板材）为面板的建筑幕墙。

8）全玻璃幕墙（full glass curtain wall）：由玻璃面板和玻璃肋构成的建筑幕墙。

9）点支承玻璃幕墙（point supported glass curtain wall）：由玻璃面板、点支撑装置和支撑结构构成的建筑幕墙。

10）双层幕墙（double – skin facade）：由外层幕墙、热通道和内层幕墙（或门、窗）构成，且在热通道内能够形成空气有序流动的建筑幕墙。

11）采光顶和金属屋面（transparent roof and metal roof）：由透光面板或金属面板与支撑体系（支撑装置与支撑结构）组成的，与水平方向夹角小于75°的建筑外围护结构。

12）封闭式建筑幕墙（sealed curtain wall）：要求具有阻止空气渗透或雨水渗漏功能的建筑幕墙。

13）开放式建筑幕墙（open joint curtain wall）：不要求具有阻止空气渗透或雨水渗漏功能的建筑幕墙，包括遮挡式和开缝式建筑幕墙。

1.3.5 幕墙产品分类和标记

1. 分类和标记

1）幕墙按主要支承结构形式分类及标记代号见表1-1。

表1-1 幕墙按主要支承结构形式分类及标记代号

主要支承结构	构件式	单元式	点支承	全玻	双层
代号	GJ	DY	DZ	QB	SM

2）幕墙按密闭形式分类及标记代号见表1-2。

表1-2 幕墙按密闭形式分类及标记代号

密闭形式	封闭式	开放式
代 号	FB	KF

3）幕墙按面板材料分类及标记代号。按面板材料分类包括：玻璃幕墙，代号为 BL；金属板幕墙，代号应符合表 1-3 的要求；石材幕墙，代号为 SC；人造板材幕墙，代号应符合表 1-4 的要求；组合面板幕墙，代号为 ZH。

表 1-3 金属板面板材料分类及标记代号

材料名称	单层铝板	铝塑复合板	蜂窝铝板	彩色涂层钢板	搪瓷涂层钢板	锌合金板	不锈钢板	铜合金板	钛合金板
代号	DL	SL	FW	CG	TG	XB	BG	TN	TB

表 1-4 人造板材材料分类及标记代号

材料名称	瓷板	陶板	微晶玻璃
标记代号	CB	TB	WJ

4）面板支承形式、单元部件间接口形式分类及标记代号。

① 构件式玻璃幕墙面板支承形式分类及标记代号见表 1-5。

表 1-5 构件式玻璃幕墙面板支承形式分类及标记代号

支承形式	隐框结构	半隐框结构	明框结构
代号	YK	BY	MK

② 石材幕墙、人造板材幕墙面板支承形式分类及标记代号见表 1-6。

表 1-6 石材幕墙、人造板材幕墙面板支承形式分类及标记代号

支承形式	嵌入	钢销	短槽	通槽	勾托	平挂	穿透	蝶形背卡	背栓
代号	QR	GX	DC	TC	GT	PG	CT	BK	BS

③ 单元式幕墙单元部件间接口形式分类及标记代号见表 1-7。

表 1-7 单元式幕墙单元部件间接口形式分类及标记代号

接口形式	插接型	对接型	连接型
标记代号	CJ	DJ	LJ

④ 点支承玻璃幕墙面板支承形式分类及标记代号见表 1-8。

表 1-8 点支承玻璃幕墙面板支承形式分类及标记代号

支承形式	钢结构	索杆结构	玻璃肋
标记代号	GG	SG	BLL

⑤ 全玻幕墙面板支承形式分类及标记代号见表 1-9。

表 1-9 全玻幕墙面板支承形式分类及标记代号

支承形式	落地式	吊挂式
标记代号	LD	DG

5）双层幕墙分类及标记代号。按通风方式分类及标记代号应符合表 1-10 的规定。

表 1-10 双层幕墙通风方式分类及标记代号

通风方式	外通风	内通风
代号	WT	NT

2. 标记方法

1）幕墙 GB/T 21086□ - □ - □ - □ - □

代表：主要支承结构型式 - 面板支承形式、单元接口形式 - 密闭形式、双层幕墙通风方式 - 面板材料 - 主参数（抗风压性能）。

2）标记示例：

幕墙 GB/T 21086 GJ - YK - FB - BL - 3.5（构件式 - 隐框 - 封闭 - 玻璃，抗风压性能 3.5kPa）。

幕墙 GB/T 21086 GJ - BS - FB - SC - 3.5（构件式 - 背栓 - 封闭 - 石材，抗风压性能 3.5kPa）。

幕墙 GB/T 21086 GJ - YK - FB - DL - 3.5（构件式 - 隐框 - 封闭 - 单层铝板，抗风压性能 3.5kPa）。

幕墙 GB/T 21086 GJ - DC - FB - CB - 3.5（构件式 - 短槽式 - 封闭 - 瓷板，抗风压性能 3.5kPa）。

幕墙 GB/T 21086 DZ - SG - FB - BL - 3.5（点支式 - 索杆结构 - 封闭 - 玻璃，抗风压性能 3.5kPa）。

幕墙 GB/T 21086 QB - LD - FB - BL - 3.5（全玻璃 - 落地 - 封闭 - 玻璃，抗风压性能 3.5kPa）。

幕墙 GB/T 21086 SM - MK - NT - BL - 3.5（双层 - 明框 - 内通风 - 玻璃，抗风压性能 3.5kPa）。

1.4 中国幕墙企业及其资质标准

1.4.1 中国幕墙企业概况

随着中国城市化的快速推进，数量庞大的大型公共建筑、商业楼及高端住宅不断涌现，建筑幕墙产业的市场规模随之不断扩大。截止到目前，全国建筑幕墙主项为幕墙施工的一级资质的企业由 1997 年的 48 家发展为 300 多家；有幕墙施工资质的企业 1000 多家，全国有建筑门窗生产许可证的企业近万家。全国一级、二级幕墙企业，2012 年幕墙产值为 2200 亿元，2013 年为 2536 亿元，2014 年为 3100 亿元，目前已超过 4000 亿元。

1.4.2 幕墙企业的资质标准

为了加强从事建筑幕墙工程设计与施工企业的管理，维护建筑市场秩序，保证工程质量和安全，促进行业健康发展，结合建筑幕墙工程的特点，国家制定了幕墙企业资质标准。幕墙企业资质设一级、二级两个级别。

1. 一级企业

（1）企业资信

1）具有独立企业法人资格。

2）具有良好的社会信誉并有相应的经济实力，工商注册资本金不少于 1000 万元，净资产不少于 1200 万元。

3）近五年独立承担过单体建筑幕墙面积不少于 6000m² 的建筑工程（设计、施工或设计施工一体）不少于 6 项。

4）近三年每年工程结算收入不少于 4000 万元。

（2）技术条件

1）企业技术负责人有不少于 8 年从事建筑幕墙工程经历，具有一级注册建造师（一级结构工程师）执业资格或高级专业技术职称（所学专业为建筑结构类、机械类）。

2）企业具有从事建筑幕墙工程专业技术人员不少于 10 人（所学专业为建筑结构类、机械类）。其中，机械类专业不少于 6 人，建筑结构类专业不少于 4 人，且从事建筑幕墙工作 3 年以上，参与完成单体建筑幕墙面积不少于 3000m² 的建筑工程（设计、施工或设计施工一体）不少于 1 项。

3）企业具备一级注册建造师（一级结构工程师、一级项目经理）执业资格的专业技术人员不少于 6 人。

（3）技术装备及管理水平

1）有必要的技术装备及固定的工作场所。

2）具有完善的质量管理体系，运行良好。具备技术、安全、经营、人事、财务、档案等管理制度。

2. 二级企业

（1）企业资信

1）具有独立企业法人资格。

2）具有良好的社会信誉并有相应的经济实力，工商注册资本金不少于 500 万元，净资产不少于 600 万元。

3）企业近五年独立承担过单体建筑幕墙面积不小于 2000m² 的建筑工程（设计、施工或设计施工一体）不少于 4 项。

4）企业近三年每年工程结算收入不少于 1000 万元。

（2）技术条件

1）企业技术负责人具有不少于 6 年从事建筑幕墙工程经历，具有二级及以上注册建造师（结构工程师）执业资格或中级及以上专业技术职称（所学专业为建筑结构类、机械类）。

2）企业具有从事建筑幕墙工程专业技术人员不少于 5 人（所学专业为建筑结构类、机械类）。其中，机械类专业不少于 3 人，建筑结构类专业不少于 2 人，且从事建筑幕墙工作 3 年以上，参与完成单体建筑幕墙面积不少于 3000m² 的建筑工程（设计、施工或设计施工一体）不少于 1 项。

3）企业具备二级及以上注册建造师（结构工程师、项目经理）执业资格的专业技术人员不少于 5 人。

（3）技术装备及管理水平

1）有必要的技术装备及固定的工作场所。

2）具有完善的质量管理体系，运行良好。具备技术、安全、经营、人事、财务、档案等管理制度。

3. 承包业务范围

1）取得建筑幕墙工程设计与施工资质的企业，可从事各类建设工程中的建筑幕墙项目的咨询、设计、施工和设计与施工一体化工程，还可承担相应工程的总承包、项目管理。

2）取得一级资质的企业承担建筑幕墙工程的规模不受限制。

3）取得二级资质的企业，可承担单体建筑幕墙面积不大于 $8000m^2$ 的建筑工程。

1.5　幕墙装饰的施工特点和基本要求

1.5.1　幕墙装饰的施工特点

1. 建筑幕墙工程施工的建筑性

建筑幕墙工程施工的首要特点，是具有明显的建筑性。就建筑幕墙设计而言，首要目的是完善建筑及其空间环境的使用功能。作为外围护构件，幕墙具有光学、声学、热工学的各项功能性要求。对于建筑幕墙工程施工，则必须以保证建筑各项使用要求为基本原则。

2. 建筑幕墙工程施工的结构性

建筑幕墙是受力构件，承受自重、风荷载、地震荷载、温度荷载等各项作用。作为易于更换的建筑结构构件，其各个构件和连接都具有结构安全性要求。对于建筑幕墙工程施工，则必须以保证其结构安全为基本原则。

3. 建筑幕墙工程施工的规范性

一切工艺操作和工艺处理，均应遵照国家颁发的有关幕墙施工和验收规范；所用幕墙材料及其应用技术，应符合国家及行业颁布的相关标准。

对于幕墙工程项目，应按国家规定实行招标、投标制；明确幕墙施工企业和施工队伍的资质水平与施工能力；在施工过程中应由建设监理部门对工程进行监理；工程竣工后应由质量监督部门及有关方面组织严格验收。

4. 建筑幕墙工程施工的严肃性

随着人们对物质文化和精神文化要求的提高，对幕墙工程质量要求也大大提高，迫切需要的是从事建筑幕墙专业人员的事业心和生产活动中的严肃态度。由于建筑幕墙工程大多数是以饰面为最终效果，所以许多处于隐蔽部位而对于工程质量起着关键作用的项目和操作工序很容易忽略，或是其质量弊病很容易被表面的美化修饰所掩盖，如果在操作时采取应付敷衍的态度，甚至偷工减料、偷工减序，就势必给工程留下质量隐患。

5. 建筑幕墙工程施工的安全性

建筑幕墙工程的施工涉及高处施工作业、临边和露天作业、脚手架作业、交叉作业等多环节，安全隐患多。为保证施工安全，必须依靠具备专门知识和经验的施工组织管理人员，以施工组织设计为指导，实行科学管理，熟悉施工安全操作规程及管理要点，及时监督和指导施工操作人员的施工操作；同时还应具备及时发现问题和解决问题的能力，随时解决施工中的各项问题。

6. 建筑幕墙工程施工的技术经济性

建筑幕墙工程的使用功能及其艺术性的体现与发挥，所反映的时代感和科学技术水准，特别是在工程造价方面，在很大程度上是受幕墙材料以及现代声、光、电及其控制系统等设备的制约。

随着人们对建筑艺术要求的不断提高，幕墙新材料、新技术、新工艺和新设备的不断出现，建筑幕墙工程的造价也将继续提高，因此，必须做好建筑幕墙工程的预算和估价工作。

1.5.2 幕墙装饰的基本要求

幕墙工程是外墙非常重要的装饰工程，其设计计算、所用材料、结构型式、施工方法等，关系到幕墙的使用功能、装饰效果、结构安全、工程造价、施工难易等各个方面。因此，为确保幕墙工程的装饰性、安全性、易装性和经济性，在幕墙的设计、选材和施工等方面应严格遵守下列基本要求：

1）幕墙及其连接件应具有足够的承载力、刚度和相对于主体结构的位移能力。幕墙构架立柱的连接金属角码与其他连接件应采用螺栓连接，并应有防松动措施。

2）隐框、半隐框幕墙所采用的结构粘结材料，必须是中性硅酮结构密封胶，其性能必须符合《建筑用硅酮结构密封胶》（GB 16776—2005）的规定。硅酮结构密封胶必须在有效期内使用。

3）立柱和横梁等主要受力构件，其截面受力部分的壁厚应经过计算确定，且铝合金型材的壁厚应≥3.0mm，钢型材壁厚应≥3.5mm。

4）隐框、半隐框幕墙构件中，板材与金属之间硅酮结构密封胶的粘结宽度，应分别计算风荷载标准值和板材自重标准值作用下硅酮结构密封胶的粘结宽度，并选取其中较大值，且应≥7.0mm。

5）硅酮结构密封胶应打注饱满，并应在温度15～30℃、相对湿度＞50%、洁净的室内进行。

6）幕墙的防火除应符合现行《建筑设计防火规范》（GB 50016—2014）的有关规定外，还应符合下列规定：

① 应根据防火材料的耐火极限决定防火层的厚度和宽度，并应在楼板处形成防火带。

② 防火层应采取隔离措施，防火层的衬板应采用经过防腐处理，且厚度≥1.5mm的钢板，但不得采用铝板。

③ 防火层的密封材料应采用防火密封胶。

④ 防火层与玻璃不应直接接触，一块玻璃不应跨两个防火分区。

7）主体结构与幕墙连接的各种预埋件，其数量、规格、位置和防腐处理必须符合设计要求。

8）幕墙的金属框架与主体结构预埋件的连接、立柱与横梁的连接及幕墙面板的安装，必须符合设计要求，安装必须牢固。

9）单元幕墙连接处和吊挂处的铝合金型材的壁厚应通过计算确定，并应≥5.0mm。

10）幕墙的金属框架与主体结构应通过预埋件连接，预埋件应在主体结构混凝土施工时埋入，预埋件的位置必须准确。当没有条件采用预埋件连接时，应采用其他可靠的连接措施，并应通过试验确定其承载力。

11）立柱应采用螺栓与角码连接，螺栓的直径应经过计算确定，并应≥10mm。不同金属材料接触时应采用绝缘垫片分隔。

12）幕墙上的抗裂缝、伸缩缝、沉降缝等部位的处理，应保证缝的使用功能和饰面的完整性。

13）幕墙工程的设计应满足方便维护和清洁的要求。

小 结

建筑幕墙是一种由面板与支承结构体系（支承装置与支承结构）组成的、可相对主体结构有一定位移能力、不分担主体结构所受作用的建筑外围护或装饰性结构。

建筑幕墙按面板材料可以分为玻璃幕墙、金属板幕墙、石材幕墙、人造板材幕墙和组合面板幕墙；按密闭形式可以分为封闭式幕墙和开放式幕墙；按幕墙施工方法可以分为单元式幕墙和构件式幕墙。

我国建筑幕墙行业从1983年开始起步，到21世纪初已成为世界第一幕墙生产大国和使用大国，正在向幕墙强国发展。

幕墙工程是外墙非常重要的装饰工程，又具有自身的特点。其设计计算、所用材料、结构型式、施工方法等，关系到幕墙的使用功能、装饰效果、结构安全、工程造价、施工难易等各个方面。因此，为确保幕墙工程的装饰性、安全性、易装性和经济性，在幕墙的设计、选材和施工等方面应满足各项基本要求。

思 考 题

1. 什么是建筑幕墙？建筑幕墙工程具有哪些类型？
2. 建筑幕墙工程具有哪些特点？
3. 玻璃幕墙、石材幕墙和金属幕墙各有哪些优缺点？
4. 简述我国幕墙行业的发展与现状。
5. 简述我国幕墙企业的现状与岗位职责。
6. 幕墙装饰施工有哪些特点？
7. 目前我国幕墙装饰施工的基本要求是什么？

14

项 目 实 训

1. 实训目的

为了让学生了解建筑幕墙企业和施工现场的基本状况，确立幕墙装饰施工的基本理念，通过现场调研综合实践，全面增强理论知识和实践能力，尽快了解企业、接受企业文化熏陶，提升整体素质，为今后的专业学习培养感性认识、确定学习目标打下思想理论基础。

2. 实训内容

学生到幕墙企业和施工现场初步调研，完成调研报告。

3. 实训要点

1）学生必须高度重视，服从安排，听从指导，严格遵守实习单位的各项规章制度和学校提出的纪律要求。

2）学生在实习期间应认真、勤勉、好学、上进，积极主动完成调研报告。

3）学生在实习中应做到：将所学的专业理论知识同实习单位实际和企业实践相结合；将思想品德的修养同良好职业道德的培养相结合；将个人刻苦钻研同虚心向他人求教相结合。

4. 实训过程

1）实训准备

① 做好实训前相关资料查阅工作，熟悉幕墙装饰施工现场的基本要求及注意事项。

② 联系参观企业现场，提前沟通好各个环节。

2）调研内容：主要包括幕墙企业施工项目概况；幕墙企业施工材料和工具；幕墙企业施工操作过程；幕墙企业施工管理制度；幕墙企业施工现场文化等。

3）调研步骤

① 领取调研任务书。

② 分组并分别确定实训企业和现场地点。

③ 现场参观调研并记录。

④ 整理调研资料，完成调研报告。

4）教师指导点评和疑难解答。

5）进行总结和评估。

5. 项目实训基本步骤

步　骤	教 师 行 为	学 生 行 为
1	交代实训工作任务背景，引出实训项目	（1）分好小组
2	布置现场调研应做的准备工作	（2）准备调研工具，备好安全帽
3	使学生明确调研步骤和内容，帮助学生落实调研企业	
4	学生分组调研，教师巡回指导	完成调研报告
5	点评调研成果	自我评价或小组评价
6	布置下一步的实训作业	明确下一步的实训内容

6. 项目评估

项目：			指导老师：	
项目技能	技能达标分项		备　注	
调研报告	1. 内容完整，得2.0分 2. 符合施工现场情况，得2.0分 3. 佐证资料齐全，得1.0分		根据职业岗位、技能需求，学生可以补充完善达标项	
自我评价	对照达标分项，得3分为达标； 对照达标分项，得4分为良好； 对照达标分项，得5分为优秀		客观评价	
评议	各小组间互相评价，取长补短，共同进步		提供优秀作品观摩学习	

自我评价　　　　　　　　　　　　个人签名

小组评价　达标率_____　　　组长签名_____

　　　　　良好率_____

　　　　　优秀率_____

　　　　　　　　　　　　　　　　　　　年　　月　　日

项目 2 ▶▶▶▶▶

建筑幕墙材料选择与验收

学 习 目 标

通过本项目的学习，要求学生掌握建筑幕墙的面板材料（包括玻璃、金属板、石材、人造板、复合板等）、骨架材料和幕墙连接密封材料的规格、品种、类型和用途，熟悉幕墙材料的基本要求；能够根据工程项目进行建筑幕墙材料的选择和验收。

建筑幕墙材料主要包括：面板材料（包括玻璃、金属板、石材、人造板、复合板等）、骨架材料和幕墙连接密封材料等。幕墙材料具有品种相对较少、规格相对单一，但材料质量要求严格的特点。

材料是保证幕墙质量的物质基础。不同厂家或同一厂家不同产地的产品，都会存在质量差异。为了保证幕墙的安全可靠和满足使用性能的要求，幕墙材料应符合现行国家标准、行业标准的规定。

新材料的应用推动了幕墙行业的发展，而材料标准往往滞后于新材料的应用。为了技术进步、节能减排，应鼓励将先进的、节约资源、符合环保要求和可循环利用的、鉴定合格的新材料应用于建筑幕墙中。

2.1 幕墙面板材料

2.1.1 玻璃

玻璃是以石英砂、纯碱、长石、石灰石等为主要材料，在 1550～1600℃ 高温下熔融、成型，经急冷制成的固体材料。若在玻璃的原料中加入辅助原料，或采取特殊的工艺进行处理，则可以生产出具有各种特殊性能的玻璃。

1. 玻璃的基本性质

玻璃由二氧化硅（70%～72%）、氧化钠（12%～16%）、氧化镁和三氧化二铝等成分组成。玻璃是建筑幕墙主要材料之一，它直接制约着幕墙的各项性能，同时也是幕墙艺术形象的主要体现者，因此选用玻璃是幕墙设计的重要部分。如果玻璃选用不当，会产生相当严重的后果。

普通玻璃密度为 $2.45 \sim 2.55 \mathrm{g/cm^3}$，密实度高，孔隙率接近零，可看作是绝对密实的材料。玻璃是典型的脆性材料，在冲击荷载的作用下极易破裂，热稳定性差，遇沸水易破裂。玻璃在外力和温度作用下容易破碎产生事故，玻璃幕墙宜采用安全玻璃（如钢化玻璃、半钢化玻璃、夹层玻璃和夹丝玻璃），否则应采取相应的安全措施。玻璃具有很好的光学性质，普通玻璃的透视率可达 $85\% \sim 90\%$。玻璃对光线的吸收能力和其化学成分有关。玻璃有较好的化学稳定性及耐酸性。

2. 幕墙玻璃

幕墙常用玻璃包括有安全玻璃和节能玻璃。

（1）安全玻璃　根据生产工艺及特点安全玻璃分为钢化玻璃、夹丝玻璃、夹层玻璃、防火玻璃。

钢化玻璃是将玻璃加热至软化点，然后急剧风冷所获得的一种高强度安全玻璃。在相同厚度下，钢化玻璃抗弯强度比普通玻璃高 $4 \sim 5$ 倍，抗冲击强度比普通玻璃高 5 倍。钢化玻璃的最大特点就是安全性高，这种玻璃破碎后成类似蜂窝状颗粒，可避免对人体的伤害。

夹层玻璃和夹丝玻璃均属于安全玻璃，在两片或多片玻璃之间夹以 PVB 薄膜或经预热的金属丝、金属网，经高温高压处理而成。它可由高级浮法玻璃、各色镀膜玻璃、钢化玻璃、热增强玻璃、热弯玻璃等制成。其特点是撞击破裂后其碎片被强韧的中间膜粘结，不会飞溅，且破裂后不易被异物穿透，可以减少玻璃碎片对人身和财产的伤害。夹层玻璃还可起到降低噪声、节省能源、有效吸收太阳光中的紫外线，防止室内设施褪色的作用。

防火玻璃在防火时的作用主要是控制火势的蔓延或隔烟，是一种措施型的防火材料，其防火的效果以耐火性能进行评价。防火玻璃主要有五种，分别为夹层复合防火玻璃、夹丝防火玻璃、特种防火玻璃、中空防火玻璃和高强度单层铯钾防火玻璃。防火玻璃作为一种新的建筑防火产品被越来越多的建筑所采用，但这类产品的设计检验目前还没有专门的规范与标准，使用时应加以注意。

（2）节能玻璃　节能玻璃包括有镀膜玻璃和中空玻璃等。

镀膜玻璃是指在无色透明平板玻璃上镀一层金属及金属氧化物或有机物薄膜，以控制玻璃的透光率，并提高玻璃对太阳入射光和能量的控制能力和阻挡太阳热量的能力，这种玻璃称为镀膜玻璃。目前，我国镀膜玻璃有热反射镀膜玻璃、低辐射膜镀膜玻璃、导电膜镀膜玻璃、镜面膜镀膜玻璃四种。

中空玻璃是一种良好的隔热、隔声、美观适用，并可降低建筑物自重的新型建筑材料。它是用两片（或三片）玻璃，使用高强度、高气密性复合粘结剂，将玻璃片与内含干燥剂的铝合金框粘结制成的高效能隔声隔热玻璃。中空玻璃以其不可替代的光学性能、热学性能、隔声性能、防结霜性能、节省材料、相对重量轻等优越性能博得广大消费者的青睐，被广泛应用于住宅、宾馆、饭店、机场、医院、实验室，以及仪器仪表车间、电子车间等需为室内创造恒温、恒湿和舒适条件的场所，同时也可用于食品橱、冷藏柜等。其拥有两道密封，标准表示方法为：5 +6A +5，其中 6A 表示铝间隔条的厚度。

3. 幕墙玻璃的基本要求

1）玻璃的外观质量和性能指标应符合国家现行标准的规定。

2）幕墙用中空玻璃应符合下列要求：

① 中空玻璃气体层厚度应不小于 9mm。

17

② 中空玻璃应采用双道密封，由专用注胶机混合、注胶。第一道密封应采用丁基热熔密封胶。隐框、半隐框及点支承玻璃幕墙用中空玻璃的第二道密封应采用硅酮结构密封胶，结构胶宽度经计算确定。明框玻璃幕墙用中空玻璃的第二道密封宜采用聚硫类玻璃密封胶，也可采用硅酮密封胶。

③ 中空玻璃钻孔时应采用大、小孔相对的方式，合片时孔位应采取多道密封措施。

④ 中空玻璃的间隔铝框可采用连续折弯型或插角型，不应使用热熔型间隔胶条。间隔铝框中的干燥剂由专用设备装填。

⑤ 中空玻璃合片加工时，应采取措施防止玻璃表面产生凹凸变形。

⑥ 中空玻璃的单片玻璃厚度应不小于 6mm，两片玻璃厚度差应不大于 3mm。

3）玻璃幕墙采用夹层玻璃时，夹层玻璃的单片玻璃厚度宜不小于 5mm；宜采用 PVB（聚乙烯醇缩丁醛）胶片干法加工合成技术，PVB 胶片厚度应不小于 0.76mm。夹层玻璃钻孔时应采用大、小孔相对的方式。合片时应防止两层玻璃间出现气泡。

4）阳光控制镀膜玻璃、低辐射镀膜玻璃应符合国家相关标准的规定。玻璃幕墙采用单片或夹层低辐射镀膜玻璃时，应使用在线热喷涂低辐射玻璃；离线镀膜低辐射玻璃宜加工成中空玻璃，镀膜面应朝向气体层。

5）建筑玻璃贴膜的外观质量及物理性能应满足表 2-1～表 2-3 的要求。

表 2-1　建筑玻璃安全膜、节能膜的外观质量要求

缺陷名称	技 术 要 求
漏胶	不允许
斑点	直径 500mm 范围内允许 1.0～2.0mm 以下斑点少于 2 个
薄雾	不允许
折痕	不允许
气泡、浑浊	不允许
划痕	宽度在 0.1～0.5mm 之间，长度小于 20mm，每 0.1m² 面积内允许 1 条

表 2-2　建筑玻璃安全膜的性能要求

性　　能		透明型建筑玻璃安全膜	隔热型建筑玻璃安全膜
光学性能	可见光透射比（%）	≥85	—
	紫外线阻隔率（%）	≥95	≥99
物理性能	断裂强度/（N/25mm）	≥250	
	断裂延伸率（%）	≥100	
	剥离强度/（N/25mm）	≥25	
	厚度/mm	>0.1	

表 2-3　建筑玻璃节能膜的性能要求

光　学　性　能	建筑玻璃节能膜
紫外线阻隔率（%）	≥99

6）防火玻璃应根据设计要求和防火等级采用单片防火玻璃或中空、夹层防火玻璃。防火玻璃的耐火性能应符合国家标准的规定。

2.1.2　金属板

建筑幕墙常用的金属面板包括有铝单板、钢板和铜板等。

1. 铝单板

幕墙铝单板具有重量轻、刚性好、强度高，耐候性和耐腐蚀性好，加工工艺好和可焊性高，可加工成平面、弧形面和球面等各种复杂的形状，色彩可选性广、装饰效果好，不易污染，便于清洁、保养，安装施工方便、快捷等特点，是建筑幕墙采用最多的金属面板。

铝合金板包括单层铝板和氟碳铝板。单层铝板可采用纯铝板、锰合金铝板和镁合金铝板。氟碳铝板有氟碳喷涂板和氟碳预辊涂层铝板两种。

铝合金板材按表面处理方式可分为非涂漆产品和涂漆产品两大类；按涂装工艺可分为喷涂板和预辊涂板；按涂漆种类可分为聚酯、聚氨酯、聚酰胺、改性硅、氟碳等。板材厚度≥2.0mm。建筑幕墙常用氟碳铝板。

（1）氟碳喷涂板

1）氟碳喷涂板分为两涂系统、三涂系统和四涂系统，一般宜采用多层涂装系统。

两涂系统：由 5～10μm 的氟碳底漆和 20～30μm 的氟碳面漆组成，膜层总厚度一般不宜小于30μm。这种涂层系统只可用于普通环境。

三涂系统：由 5～10μm 的氟碳底漆、20～30μm 的氟碳色漆和 10～20μm 的氟碳清漆组成，膜层总厚度一般不宜小于40μm。这种涂层系统适用于空气污染严重、工业区及沿海等环境恶劣地带。

四涂系统：四涂系统有两种，一种是当采用大颗粒铝粉颜料时，需要在底漆和面漆之间增设一道 20μm 的氟碳中间漆；另一种是在底漆和面漆之间增设一道聚酰胺与聚氨酯共混的致密涂层，以提高其抗腐蚀性，延长氟碳铝板的使用寿命。因为一般的氟碳漆是海绵结构，有气孔，无法阻止空气中的正负离子游离穿透至金属板基层。因此这种涂层系统更适用于空气污染严重、工业区及沿海等环境恶劣地带。

2）氟碳烤漆的固化：应该是有几涂就有几烤，使每层烤漆完全固化，形成良好的粘结性、抗腐蚀性、抗褪色性，避免多涂少烤。

3）在选用氟碳烤漆铝板时，应关注氟碳漆的品牌和主要技术指标，且氟树脂含量应≥70%。

（2）氟碳预辊涂层铝板

1）预辊涂铝板的设计思想是将尽可能多的材料优点和工艺优势集于一身，把人为影响的质量因素降至最低，其品质比氟碳喷涂（烤漆）铝板更有保证。

2）氟树脂含量最高可达80%。

3）涂层厚度一般为25μm。

（3）铝单板的不足之处

1）四边均采用挂耳与龙骨连接，无法释放热胀冷缩应力，经过长时间的胀缩后，板面变形，表面不平整。

2）由于本身刚度限制，作大板块时需采用加强筋加强，加强筋与铝板连接处焊点应处理好，否则表面会不平整。

3）表面采用后喷涂工艺，不易控制表面涂层质量。

2. 钢板

幕墙用钢板包括彩色镀锌钢板和搪瓷涂层钢板等。

（1）彩色镀锌钢板　彩色镀锌钢板又称彩钢板、彩板。彩色涂层钢板是以冷轧钢板和镀锌钢板为基板，经过表面预处理（脱脂、清洗、化学转化处理），以连续的方法涂上涂料（辊涂法），经过烘烤和冷却而制成的产品。涂层钢板具有轻质、美观和良好的防腐蚀性能，又可直接加工，起到了以钢代木、高效施工、节约能源、防止污染等良好效果。

（2）搪瓷涂层钢板　搪瓷涂层钢板是一种将无机玻璃质材料通过熔融凝于基体钢板并与钢板牢固结合在一起的新型复合材料。在钢板表面进行瓷釉涂搪可以防止钢板生锈，使钢板在受热时不至于在表面形成氧化层并且能抵抗各种液体的侵蚀。

3. 铜板

纯铜为紫色，密度为 $8.9\text{g}/\text{cm}^3$，熔点为 $1083℃$，导电性好，导热性好（仅次于银），耐腐蚀性好，强度较低，塑性较好，不易作结构材料。工业纯铜分 T1、T2、T3、T4 四种，数字越大，纯度越低。

铜合金按照化学成分的不同，可以分为黄铜、青铜和白铜。

黄铜是以铜、锌为主要合金元素，如果加入特殊元素称为特殊黄铜。如加入铅可改善切削加工性、提高耐磨性，加入铝可提高强度、硬度和耐腐蚀性。

青铜原来是指铜与锡的合金，现在，除了铜锌合金的黄铜外，铜与其他元素所组成的合金统称为青铜，分锡青铜和无锡青铜（铝青铜、硅青铜、铅青铜等）。

白铜又称镍银合金，是以镍为主要元素的铜镍锌合金，颜色为银白色，具有银色的外观，但不包含银元素，一般的成分是 60% 的铜、20% 的镍和 20% 的锌。

铜板是一种高稳定、低维护的屋面和幕墙材料，其环保、使用安全、易于加工并极具抗腐蚀性，基本性能和优点如下：

1）铜板的屈服强度和延伸率成反比，经加工折弯的铜板硬度增加极高，但可通过热处理降低。

2）铜具有很好的延伸性能，可适应建筑造型的需要。

3）铜板不受加工温度的限制，低温时不变脆，高熔点时可采用氧吹等热熔焊接方式。

4）铜板防火，属不燃材料。

5）在极高腐蚀性的大气环境中，铜板会形成坚固、无毒的钝化保护层，俗称"铜绿"，其化学成分取决于所在地区的空气条件，但各种成分的"铜绿"对铜板的保护效果基本相同。这层钝化膜非常稳定，受到破损可自动修复。

4. 幕墙金属板的基本要求

1）铝单板所用铝及铝合金的化学成分符合《变形铝及铝合金化学成分》（GB/T 3190—2008）的规定，表面宜采用氟碳喷涂，氟碳树脂含量应不小于 70%。铝单板的外观质量和性能指标应符合国家标准。铝单板表面处理层的厚度应满足表 2-4 的要求。

表2-4　铝单板表面处理要求

表面处理方法			厚度 t / μm	
			平均膜厚	最小局部膜厚
辊涂	氟碳	三涂	≥32	≥30
	聚酯、丙烯酸		≥16	≥14
液体喷涂	氟碳	三涂	≥40	≥34
		四涂	≥65	≥55
	聚酯、丙烯酸		≥25	≥20
粉末喷涂	氟碳		—	≥30
	聚酯		—	≥40
陶瓷			25～40	
阳极氧化	AA15		≥15	≥12
	AA20		≥20	≥16
	AA25		≥25	≥20

2）彩色钢板应符合《彩色涂层钢板及钢带》（GB/T 12754—2006）的规定。

3）搪瓷涂层钢板不应在现场开槽或钻孔，钢板的主要化学成分应满足表2-5的要求。

表2-5　搪瓷涂层钢板用钢板主要化学成分

元素	碳（C）	锰（Mn）	磷（P）	硫（S）
含量（%）	≤0.008	≤0.400	≤0.020	≤0.030

4）铜及铜合金板应符合《铜及铜合金板材》（GB/T 2040—2008）、《加工铜及铜合金板带材外形尺寸及允许偏差》（GB/T 17793—2010）的规定。

2.1.3　石材

天然石材是采自天然岩石，未经加工或者经过人工或机械加工的石材（地壳表层岩石），根据成因包括火成岩、沉积岩和变质岩。天然石材具有表观密度大、强度高、有一定吸水率、色泽天然高贵的特点。幕墙常用石材包括花岗岩、大理石、砂岩、洞石等。

1. 花岗岩

花岗岩属于深成岩，是岩浆岩中分布最广的岩石，其主要矿物组成为长石、石英和少量云母及暗色矿物。商业上所说的花岗石是以花岗岩为代表的一类装饰石材，包括各种岩浆岩和花岗岩的变质岩，如辉长岩、闪长岩、辉绿岩、玄武岩、安山岩、正长岩等，一般质地较硬。花岗岩具有强度高、吸水率小，耐酸性、耐磨性及耐久性好的特性，是幕墙中采用最多的天然石材。

2. 大理石

大理石是石灰岩或白云岩在高温、高压等地质条件下，重新结晶变质而成的变质岩。天然大理石的主要成分是碳酸钙，易与酸雨反应，使表面失去光泽、出现斑孔，从而降低装饰效果。除汉白玉等纯正品外，不宜用于室外幕墙装饰。

3. 砂岩

砂岩是石英、长石等碎屑成分占50%以上的沉积碎屑岩。砂岩是一种无光污染、无辐

21

射的优质天然石材，对人体无放射性伤害。砂岩具有防潮、防滑、吸声、吸光、无味、无辐射、不褪色、冬暖夏凉、温馨典雅的特点。

4. 洞石

洞石表面布满细小、不规则的空洞，其石材的学名是凝灰石或石灰华。人类对洞石的使用年代久远，古罗马斗兽场、圣彼得大教堂等都采用洞石建造，其营造出来的历史感之悠远，古典气氛之浓厚，艺术感之强烈都是无与伦比的。

洞石有天然洞石与人造洞石之分。天然洞石是一种地层沉积岩，盛产于意大利、土耳其和伊朗。天然洞石由于产量较少，成本高昂，无法普及推广。人造洞石是运用科学技术工艺，模拟天然洞石的机理、构造、色泽制造而成的，具有天然洞石的逼真外观效果。

5. 幕墙石材板材的基本要求

1）大理石面板不应有软弱夹层。带层状纹理的面板应无粗粒、疏松、多孔的条纹。

2）幕墙石材面板宜选用花岗岩，其物理性能应满足表 2-6 的要求。

3）砂岩和洞石自身材性较差，总体而言不推荐用于幕墙。如果建筑设计中使用，则至少应考虑以下最低要求：

表 2-6 花岗岩物理性能指标

项目	吸水率（%）	体积密度/（g/cm³）	压缩强度/（N/mm²）	弯曲强度/（N/mm²）
指标	≤0.6	≥2.560	≥100	≥8.0

① 用于幕墙的石板，每批都应进行抗弯强度试验，其试验值应符合以下要求：幕墙高度不超过 80m 时，试验平均值不低于 $5N/mm^2$，试验最小值不低于 $4N/mm^2$；幕墙高度超过 80m 时，试验平均值不低于 $6N/mm^2$，试验最小值不低于 $4.5N/mm^2$。

单向受力的石板，在主要受力方向应满足以上要求；双向受力的石板，在两个受力方向上都应符合以上要求。

② 石板不应夹杂软弱的条纹和软弱的矿脉。洞石的孔洞不宜过密，直径不宜大于 3mm，更不应有通透的孔洞。

③ 吸水率不宜大于 6%，加涂防水面层后不宜大于 1%。

④ 冻融系数不宜小于 0.8，不得小于 0.6。

⑤ 石板不应有裂缝，也不能折断，不得将断裂的石板胶粘后上墙。

4）加工完成的砂岩和洞石石材面板，还应符合以下基本要求：

① 板材厚度：抗弯试验表明，厚度大的石板，其抗弯强度低于厚度小的石板。但是由于板的承载能力和厚度的平方成正比，厚的石板承载能力还是比薄的石板要大一些。

砂岩和洞石板材的最小厚度可由抗弯强度标准值 f_k 来决定：$f_k \geq 8.0MPa$ 时，最小厚度 35mm；$4.0MPa \leq f_k < 8.0MPa$ 时，最小厚度 40mm。

抗弯强度标准值 f_k 是其试验平均值减去 1.645 倍标准差。当这个数值小于试验最小值时，按试验最小值采用。

板材厚度的允许偏差为 +2mm、-0mm，不允许负偏差。

② 板材的尺寸：砂岩和洞石强度低，因此板材的尺寸不宜过大，一般应控制在 $1.0m^2$ 以内。不宜采用细长的条状石板，这种石板在运输、安装过程中很容易折断。石板的边长比最好在 1:2 以内，不宜超过 1:3。

③ 表面处理：砂岩和洞石吸水性很高，应采用防水涂料使其吸水率降至1%以下。防水剂可采用有机氟或有机硅涂料，一般情况下要求涂料应透气，不形成膜，涂料也不应改变石板的光泽和颜色。由于防水涂料寿命通常不超过5年，涂料要能多次涂刷。

采用注胶板缝的石材幕墙，石板可以只做外表面大面防水；采用开放式板缝时，石板应进行六面防水。

2.1.4　人造板

幕墙用人造板包括微晶玻璃、瓷板、陶土板、玻璃纤维增强水泥（GRC）板、高压热固化木纤维板等，随着建筑材料的发展，越来越多性能优越、可设计性强的人造板应用于建筑幕墙中。

1. 微晶玻璃

微晶玻璃又称微晶玉石或陶瓷玻璃，是一种新型的建筑材料，它的学名叫做玻璃水晶。微晶玻璃和玻璃看起来大不相同，它具有玻璃和陶瓷的双重特性。普通玻璃内部的原子排列是没有规则的，这也是玻璃易碎的原因之一，而微晶玻璃像陶瓷一样，由晶体组成，它的原子排列是有规律的，所以微晶玻璃比陶瓷的亮度高，比玻璃韧性强。

2. 陶瓷板

人们把用陶土制作成的在专门的窑炉中高温烧制的物品称作陶瓷，陶瓷是陶器和瓷器的总称。陶瓷的传统概念是指所有以黏土等无机非金属矿物为原料的人工工业产品，它包括由黏土或含有黏土的混合物经混炼、成型、煅烧而制成的各种制品，由最粗糙的土器到最精细的精陶和瓷器都属于它的范畴。其主要原料是取之于自然界的硅酸盐矿物（如黏土、石英等），因此与玻璃、水泥、搪瓷、耐火材料等工业同属于"硅酸盐工业"的范畴。

陶土板幕墙最初起源于德国。工程师 Thomas Herzog 教授于1980年设想将屋顶瓦应用到墙面上，最终根据陶瓦的挂接方式，发明了用于外墙的干挂体系和幕墙陶土板，并由此成立了一个专门生产陶土板的工厂。1985年第一个陶土板项目在德国慕尼黑落成。在随后的几年中，陶土板逐渐完善挂接方式，由最初的木结构最终完善到现在的两大幕墙结构系统（有横龙骨系统和无横龙骨系统）。

中国的陶土板市场供应有很长一段时间完全依赖于海外进口，运输成本高，供货周期长，且安装技术服务难以及时到位，制约了陶土板在中国的推广使用。从2006年开始，我国开始自行研发、生产陶土板。国内原先在陶土板生产领域几乎是一片空白，而现在中国的陶土板生产商已经能够向市场供应成熟产品。

3. 玻璃纤维增强水泥（GRC）板

GRC 是英语 Glassfibre Reinforced Concrete 的缩写，翻译成中文是玻璃纤维增强混凝土。这是一种以耐碱玻璃纤维为增强材料、水泥砂浆为基体材料的纤维水泥复合材料。它的突出特点是具有很好的抗拉和抗折强度，以及较好的韧性，尤其适合制作装饰造型和用来表现强烈的质感。

4. 高压热固化木纤维板

高压热固化木纤维板是由普通型或阻燃型高压热固化木纤维（HPL）芯板与一个或两个装饰面层在高温高压条件下固化粘结形成的板材。"千思板"是这种板材的一个知名品牌，千思板牌板材是一种漂亮的、多功能的室外、室内用建材。其板材品质高、无公害、清洁、安全，为人们创造了舒适的生活空间。

23

5. 幕墙人造板板材的基本要求

1）微晶玻璃的公称厚度应不小于 20mm，并满足耐急冷急热试验和墨水渗透法检查无裂纹的要求。

2）瓷板的物理性能应符合表 2-7 的要求。

表 2-7　瓷板物理性能指标

项　目	性　能
吸水率（%）	平均值≤0.5，单个值≤0.6
抗热震性	经抗热震性试验后不出现炸裂或裂纹（循环次数：10 次）
抗釉裂性（有釉表面）	经抗釉裂性试验后，有釉表面应无裂纹或剥落（循环次数：1 次）
抗冻性	经抗冻性试验后应无裂纹或剥落（循环次数：100 次）
光泽度（抛光板）	光泽度不低于 55
耐磨性	非施釉表面耐深度磨损体积不大于 175mm³
	施釉表面耐深度磨损不低于 3 级
色差	同一品种、同一批号瓷板颜色花纹基本一致

注：釉面板上有设计要求的装饰性裂纹时，应加以说明，不必做抗釉裂性试验。

3）陶板的物理性能应符合表 2-8 的要求。

表 2-8　陶板物理性能指标

项　目	技术指标		
	A I 类	A II 类	A III 类
吸水率 E（%）	$E \leqslant 3$	$3 < E \leqslant 6$	$6 < E \leqslant 10$
弯曲强度平均值/（N/mm²）	≥23	≥13	≥9
弹性模量/·（kN/mm²）	≥20		
泊松比	≥0.13		
抗冻性	无破坏		
抗热震性	无破坏		
耐污染性	配制灰：不次于 5 级，水泥、石灰：不次于 3 级		
抗釉裂性 a	无龟裂		
湿膨胀系数/（mm/m）	≤0.6		
热膨胀系数/（K⁻¹）	$\leqslant 6 \times 10^{-6}$		
耐磨性/mm³	≤275	≤541	≤1062

注：a 只适用于釉面陶板。

4）玻璃纤维增强水泥（GRC）板可采用单层板、有肋单层板、框架板、夹芯板等构造方式，其性能应满足下列要求：

① 玻璃纤维增强水泥板外观应边缘整齐，无缺棱损角。侧边防水缝部位不应有孔洞，其他部位孔洞长度应不大于 5mm，深度不大于 3mm，每平方米板上孔洞应不多于 3 处。

② 玻璃纤维增强水泥板应按《玻璃纤维增强水泥性能试验方法》（GB/T 15231—2008）检测板的结构层，其结构层物理力学性能应符合表 2-9 的规定。

5）高压热固化木纤维板的性能应符合《建筑幕墙用高压热固化木纤维板》（JG/T

24

260—2009）的规定。

表2-9 玻璃纤维水泥板结构层物理力学性能指标

性 能		单位	指 标 要 求
抗弯比例极限强度	平均值	N/mm²	≥7.0
	单块最小值	N/mm²	≥6.0
抗弯极限强度	平均值	N/mm²	≥18.0
	单块最小值	N/mm²	≥15.0
抗冲击强度		kJ/m²	≥8.0
体积密度（干燥状态）		g/cm³	≥1.8
吸水率		%	≤14.0
抗冻性		—	经25次冻融循环，无起层、剥落等破坏现象

2.1.5 复合板

幕墙用复合板材包括铝塑复合板、蜂窝铝板、蜂窝石材板等。

1. 铝塑复合板

铝塑复合板自20世纪60年代初研制成功，并在建筑上应用以来，由于质轻、平整度好、颜色均匀一致等特性，深受业主和建筑师的青睐。我国自20世纪80年代末、90年代初开始采用铝塑复合板以来，其发展速度也是很快的。

铝塑复合板分普通型和防火型两种。普通型铝塑复合板是由两层0.5mm的铝板中间夹一层聚乙烯芯层复合而成。防火型铝塑复合板由两层0.5mm的铝板中间夹一层难燃或不燃材料复合而成。对于幕墙工程，铝塑复合板正面涂覆氟碳树脂（PVDF）涂层。

目前，国际上对铝塑复合板应用有不同意见，主要是对建筑高度是否加以限制，有的国家无限制，如英国、意大利等国家；有的国家有限制，如德国、瑞士、奥地利、法国、新加坡、马来西亚、日本、美国等。在我国是根据防火规范对铝塑复合板在建筑上的应用给予适当的限制。

（1）铝塑复合板常用规格

1）厚度（T）：3mm、4mm。

2）宽度（W）：1220mm。

3）长度（L）：2440mm、3200mm、3550mm、4000mm，最长可达6m，并可按客户要求的规格生产。

（2）铝塑复合板的加工 铝塑复合板具有非常好的加工性，可用普通的铝制品加工工具和木工加工工具非常方便地进行锯切、剪切、刨槽、冲孔、穿孔、钻孔等，所有加工都可以现场进行。

（3）铝塑复合板特点（与铝单板对比）

1）成形性好，加工技术简单，设备投资少。

2）采用滚涂法烤漆，其涂层附着力强。

3）质量轻，相同刚度时比铝单板轻40%。

4）刚度好、隔声、隔热、减振性能好。

5）铝塑复合板的色差小。

25

6）可以现场加工，方便快捷。

（4）铝塑复合板的不足之处

1）普通铝塑复合板采用聚乙烯芯层，防火性能差。

2）在温度变化的情况下，内外铝板胀缩不一致。

3）铝塑复合板采用开槽折板的方式加工，折角部位没有特别加固措施，强度差。

4）采用四边挂耳安装，无法消除热胀冷缩应力，会造成板面变形。

2. 蜂窝铝板

蜂窝铝板是结合航空工业复合蜂窝板技术而开发的金属复合板产品。其采用"蜂窝式夹层"结构，即以表面涂覆耐候性极佳的装饰涂层的高强度合金铝板作为面、底板与铝蜂窝芯经高温高压复合制造而成。该系列产品具有选材精良、工艺先进和构造合理的优势，不仅在大尺度、平整度方面有出色的表现，而且在形状、表面处理、色彩、安装系统等方面有众多的选择。此外，面板除采用铝合金外，还可根据客户需求选择其他材质，例如铜、锌、不锈钢、纯钛、防火板、大理石、铝塑复合板等。

蜂窝铝板是由正、背面铝合金板及中间铝蜂窝粘贴复合而成；蜂窝铝板是全铝制产品，具有极轻的重量和极高的强度，并且易于回收，符合当代环保精神。多年来，铝蜂窝板一直是一种用于飞机制造业的材料，应用在建筑上，可以承受特殊地区超高建筑的风压强度要求，也可以满足建筑更大的分格需要，而且具有非常好的平整度。

蜂窝铝板产品的特点：

1）高刚度。蜂窝板的六边形结构作为三明治式板材的芯层能够抵抗台风等外力作用而材料丝毫不变形。

2）高平整度。由于其具有超稳定性，可达到很好的平整度，且厚度增加时平整度也会提高。

3）质量轻。蜂窝板里面含有97%的空气，使得它质量特别轻。

4）不可燃性。由于其全部由铝合金构成（包括铝蜂窝芯），属于不然材料，非常安全。

5）经济性。由于其出色的抗压和拉伸强度，蜂窝板的使用不需要背筋，减少了背筋的费用，从而减少了劳动力。

6）隔热性能。与其他材料相比蜂窝板具有更好的隔热性，因为蜂窝板的芯层减少了板之间的热传递，而且这种热传递因为空气层的形成而被阻挡。

7）耐久性。对化学腐蚀的出色抵抗性和稳定性使其成为高污染区域最适合的建筑材料，且不用任何维修。清洗时用水、洗洁剂、海绵等就能轻易地清洗干净。

8）美观。辊涂不仅使得它在任何建筑上能持久保持色彩，而且PVDF（Kynar - 500）在很长时间内都不会褪色、变色。

3. 蜂窝石材板

蜂窝石材板一般采用3~5mm厚石材、10~25mm厚铝蜂窝板，经过专用粘合剂粘接复合而成。对于外装幕墙，推荐石材铝蜂窝板的石材厚度为4~5mm，铝蜂窝板厚度不低于25mm；对于内装墙面，推荐石材铝蜂窝板的石材厚度为3~4mm，铝蜂窝板厚度为15mm；对于内装吊顶，推荐石材铝蜂窝板的石材厚度为3~4mm，铝蜂窝板厚度为15~20mm；对于地面板，推荐石材铝蜂窝板的石材厚度为5~8mm，铝蜂窝板厚度为10~15mm。

4. 幕墙复合板板材的基本要求

1）铝塑复合板应符合《建筑幕墙用铝塑复合板》（GB/T 17748—2008）的相关规定，并满足下列要求：

① 上下面层铝合金板的平均厚度（不包括涂层厚度）均应不小于 0.5mm，最小厚度不小于 0.48mm。

② 铝合金板材与夹芯层的剥离强度按《夹层结构滚筒剥离试验方法》（GB/T 1457—2005）测试，平均值不小于 $130N/mm^2$，单个测试值不小于 $120N/mm^2$。

③ 铝塑复合板所用芯材应符合《聚乙烯（PE）树脂》（GB/T 11115—2009）的规定，并符合《建筑设计防火规范》（GB 50016—2014）的相关规定。

④ 铝塑复合板用于高层建筑时，应符合《建筑设计防火规范》（GB 50016—2014）的相关规定。

⑤ 板面涂层宜采用氟碳树脂。辊涂时，涂层平均厚度不小于 $32\mu m$，局部最小厚度不小于 $30\mu m$；喷涂时，涂层平均厚度不小于 $40\mu m$，局部最小厚度不小于 $35\mu m$。

2）铝蜂窝复合板应符合《铝蜂窝夹层结构通用规范》（GJB 1719）的规定，并满足下列要求：

① 铝合金面板的平均厚度（不包括涂层厚度）不小于 1.0mm，最小厚度处不小于 0.9mm；铝合金背板的平均厚度（不包括涂层厚度）不小于 0.7mm，最小厚处度不小于 0.6mm。

② 铝合金板材与夹芯层的滚筒剥离强度平均值不小于 50（N·mm）/mm，单个测试值不小于 40（N·mm）/mm。平拉强度平均值不小于 $0.8N/mm^2$，单个测试值不小于 $0.6N/mm^2$。

③ 铝蜂窝芯孔径宜不大于 10mm。孔径 6～10mm 时壁厚宜不小于 0.07mm，孔径小于 6mm 时壁厚宜不小于 0.05mm。

3）蜂窝铝板所用铝及铝合金的化学成分应符合国家标准的规定，表面涂层宜采用氟碳喷涂。铝板厚度及涂层厚度应满足表 2-10 的要求。

表 2-10 铝板厚度及涂层厚度

项　　目			技 术 要 求
铝板厚度/mm	平均值		面板≥1.0
			背板≥0.7
	最小值		面板≥0.9
			背板≥0.6
装饰面涂层厚度/μm	三涂	辊涂　平均值	≥32
		辊涂　最小值	≥30
		喷涂　平均值	≥40
		喷涂　最小值	≥35

4）超薄型石材铝蜂窝复合板应符合《超薄天然石材型复合板》（JC/T 1049—2007）的相关规定，并满足下列要求：

① 面板宜采用花岗岩、大理石，厚度宜为 3～5mm。

② 背板宜采用铝合金板或镀铝锌钢板。铝合金板厚度不小于0.5mm，涂层厚度不小于5μm；镀铝锌钢板板材厚度不小于0.35mm，铝锌涂层厚度不小于15μm。

③ 铝蜂窝芯孔径宜不大于10mm，壁厚不小于0.05mm，并应符合《夹层结构用耐久铝蜂窝芯材料规范》（HB 5443）的规定。

④ 石材铝蜂窝复合板厚度不小于20mm。

5）超薄型石材蜂窝板的主要性能应满足表2-11的要求。

表2-11 超薄型石材蜂窝板技术指标

类别	项目	单位	性能	检测标准和方法	备注
背板为铝板	面密度	kg/m²	≤16.20	—	石材厚5mm，铝板0.5mm，总厚度20mm
	弯曲强度	N/mm²	≥17.9	GB/T 17748	—
	压缩强度	N/mm²	≥1.31	GJB 130	—
	剪切强度	N/mm²	≥0.67	GJB 130	—
	粘结强度	N/mm²	≥1.23	GJB 130	—
	螺栓拉拔力	kN	≥3.2	GB/T 17657	—
	冰融循环	循环次数	120次循环表面及粘合层无异常	(-25 ± 2)℃2h ~ (50 ± 2)℃2h 75℃温差循环中	-25℃2h ~ 50℃2h
	平均隔声量	dB	32	GBJ 75—1984 面密度16.2kg/m²	—
	导热系数	W/（m·K）	0.655	GB/T 10294	—
	防火级别	级	B1	GB 8624	—
	疲劳试验	次	1×10^6次无破坏	GB/T 3075	螺栓直径M8
	冲击试验	次	10次无破坏	GB/T 9963	1kg 1m 钢球
背板为镀铝锌钢板	面密度	kg/m²	≤18.92	—	石材厚5mm，镀铝锌钢板0.35mm，总厚度20mm
	弯曲强度	N/mm²	≥32.4	GB/T 17748	—
	压缩强度	N/mm²	≥1.37	GJB 130	—
	剪切强度	N/mm²	≥0.68	GJB 130	—
	粘结强度	N/mm²	≥2.56	GJB 130	—
	螺栓拉拔力	kN	≥3.5	GB/T 17657	—
	冰融循环	循环次数	120次循环表面及粘合层无异常	(-35 ± 2)℃2h ~ (80 ± 2)℃2h 115℃温差循环中	-35℃2h ~ 80℃2h
	平均隔声量	dB	32	GBJ 75—1984 面密度16.2kg/m²	—
	导热系数	W/（m·K）	0.678	GB/T 10294	—
	防火级别	级	B1	GB 8624	—
	疲劳试验	次	1×10^6次无破坏	GB/T 3075	螺栓直径M8
	冲击试验	次	10次无破坏	GB/T 9963	1kg 1m 钢球

2.2　幕墙骨架材料

2.2.1　铝合金骨架

1. 铝合金型材

铝合金型材具有良好的耐蚀性能，在工业气氛和海洋性气氛下，未经表面处理的铝合金的耐腐蚀能力优于其他合金材料，经涂漆和氧化着色后，铝合金的耐蚀性更高。

铝合金型材可进行热处理（一般为淬火和人工时效）强化。铝合金具有良好的机械加工性能，可用氩弧焊进行焊接，铝合金制品经阳极氧化着色处理后，可形成各种装饰颜色。

铝合金型材根据其材质的不同分为 T5 型、T6 型两种（此指合金含量不同）。因合金含量不同，强度亦不同。幕墙一般用 T6 型，窗户可用 T5 型，采购时应明确标明。根据铝合金型材外表颜色制作工艺不同，有铝合金型材基材、阳极氧化着色型材、电泳涂漆型材、粉末喷涂型材和氟碳漆喷涂型材等之分。

2. 幕墙铝合金型材的基本要求

幕墙多采用 LD31 合金热挤压型材，是一种用高温挤压成型、快速冷却并人工时效状态经过阳极氧化或静电喷涂表面处理的铝合金型材（RCS 状态）。其成分为铝、镁、硅，过量的镁会降低材料强度，过量的硅有损型材挤压性能和电解着色性能，如果硅含量较少，则将降低型材的力学性能。所以一般镁含量为 0.45% ~ 0.9%，硅含量为 0.2% ~ 0.6%，铝含量不少于 98%，其性能如下。

（1）铝合金型材的拉伸试验　LD31 铝合金型材拉伸试验的试件和设备与钢材一样，其过程大致相同。

1）弹性阶段，应力应变成正比，应力弹性极限约为 100MPa。

2）屈服阶段，此阶段没有明显的流幅，LD31 – RCS 铝型材条件屈服点的应力为 108MPa。

3）强化阶段，铝型材达到屈服之后对外荷载抵抗能力提高，但塑性特征十分明显，上升到最大应力，其值约为 157MPa，为抗拉强度。

4）颈缩阶段，当应力达到一定值时，截面局部横向收缩，截面面积开始显著减小，塑性变形迅速增大，荷载不断降低，变形继续发展直至断裂。

（2）铝合金型材表面质量

1）型材表面应清洁，不允许有裂纹、起皮、腐蚀和气泡存在。

2）型材表面允许有轻微压坑、碰伤、擦伤和划伤存在，其深度在装饰面：高精和超高精级应不大于 0.05mm，普通级应不大于 0.08mm；其深度在非装饰面：高精和超高精级应小于 0.15mm，普通级应小于 0.2mm，挤压痕深不大于 0.05mm。

3）需表面处理的型材，在合同中注明色泽和膜厚，一般按 AA15 级供货（平均膜厚 15μm，局部最小膜厚 12μm）。

4）氧化膜封孔质量：磷铬酸法重量损失 ≤30mg/dm²；酸浸法重量损失 ≤20mg/dm²；导纳法 <20μs。

5）铝合金型材应经表面阳极氧化、电泳涂漆、粉末喷涂或氟碳喷涂处理，表面处理层的厚度应满足表 2-12 的要求。

29

表 2-12　铝合金型材表面处理层的厚度

表面处理方法		膜厚级别（涂层种类）	厚度 $t/\mu m$	
			平均膜厚	局部膜厚
阳极氧化		不低于 AA15	$t\geq15$	$t\geq12$
电泳涂漆	阳极氧化膜	B	$t\geq10$	$t\geq8$
	漆膜	B	—	$t\geq7$
	复合膜	B	—	$t\geq16$
粉末喷涂		—	—	$40\leq t\leq120$
氟碳喷涂		—	$t\geq40$	$t\geq34$

（3）铝合金型材尺寸精度

1）型材精度分级按型材尺寸允许偏差分为普通级、高精级和超高精级三个等级。幕墙用铝合金型材应选用高精级，对装配要求特别高的型材应选用超高精级。

2）型材横截面尺寸允许偏差符合 GB 5237 的有关规定。

3）型材角度允许偏差：高精级 ±1°，超高精级 ±0.5°，普通级 ±2°。

4）型材的平面间隙：把直尺横放在型材任意平面上，型材表面与直尺之间的间隙应符合相关标准规定。

5）型材的曲面间隙：将标准弧样板紧贴在型材的曲面，型材曲面和标准弧样板之间的间隙叫曲面间隙。型材的曲面间隙应符合有关标准的规定。

6）型材的弯曲度：将型材放在平台上，借自重使弯曲达到稳定时，沿型材的长度方向，测得型材底面与平台之间的最大距离 N，即为纵向弯曲度。型材的纵向弯曲度应符合有关标准的规定。

7）型材的扭拧度：将型材置于平台上，并使其一端紧贴平台。型材借自重达到稳定时，测量型材翘起端的两侧端点与平台的间隙值 T_1 和 T_2，T_1 与 T_2 的差值即为型材的扭拧度。型材的扭拧度应符合有关标准的规定。

8）圆角半径允许偏差：当圆角半径 $R\leq4.7$ 时，其允许偏差为 0.4；当 $R>4.7$ 时，其允许偏差为 $0.1R$；过渡圆角半径的允许偏差为 -0.4。

9）型材长度允许偏差：以定尺交货的型材，其长度小于 6m 或等于 6m 时，其长度允许偏差为 15mm；以不定尺交货的型材，其长度允许偏差为 20mm，合同中没有注明交货长度为不定尺，即为 1~6m。

10）型材端头允许变形度，其纵向长度不超过 20mm；型材端头的切斜度允许偏差不超过 3°。

（4）隔热铝型材的要求　用穿条工艺生产的隔热铝型材，其隔热材料应使用 PA66GF25（聚酰胺 66 +25 玻璃纤维）材料，不得采用 PVC（聚氯乙烯）材料，并符合《铝合金建筑型材用辅助材料　第 1 部分：聚酰胺隔热条》（GB/T 23615.1—2009）的规定；用浇注工艺生产的隔热铝型材，其隔热材料应使用 PUR（聚氨基甲酸乙酯）材料。

隔热铝合金型材外观质量、力学性能应符合《铝合金建筑型材　第 6 部分：隔热型材》（GB 5237.6—2012）的规定，其纵向剪切强度、横向拉伸强度、高温持久负荷等性能应满足表 2-13 的要求。

表 2-13　隔热铝合金型材性能要求

检测项目	复合方式	纵向抗剪特征值 /（N/mm）			横向抗拉特征值 /（N/mm）			变形量平均值 /mm
		室温	低温	高温	室温	低温	高温	
纵向剪切试验 横向拉伸试验	穿条式	≥24	≥24	≥24	≥24	—	—	—
	浇注式	≥24	≥24	≥24	≥24	≥24	≥12	—
高温持久负荷试验	穿条式	—	—	—	—	≥24	≥24	隔热型材变形量平均值≤0.6
热循环试验	浇注式	≥24	—	—	—	—	—	隔热材料变形量平均值≤0.6

2.2.2　钢骨架

1. 建筑钢材

钢是含碳量在 0.0218% ~ 2.11% 之间的铁碳合金。为了保证其韧性和塑性，含碳量一般不超过 1.7%。钢的主要元素除铁、碳外，还有硅、锰、硫、磷等。幕墙钢型材主要包括槽钢、角钢、方钢等。

2. 幕墙钢型材的基本要求

1）钢材应采用 Q235 钢、Q345 钢，并具有抗拉强度、伸长率、屈服强度和碳、锰、硅、硫、磷含量的合格保证。焊接结构钢材应具有碳含量的合格保证，焊接承重结构以及重要的非焊接承重结构所采用的钢材还应具有冷弯或冲击试验的合格保证。

2）钢材、钢制品的表面不得有裂纹、气泡、结疤、泛锈、夹渣等，其牌号、规格、化学成分、力学性能、质量等级应符合现行国家和行业标准的规定。

3）对耐腐蚀有特殊要求或腐蚀性环境中的幕墙结构钢材、钢制品宜采用不锈钢材质。如采用耐候钢，其质量指标应符合《耐候结构钢》（GB/T 4171—2008）的规定，并采取相应的防护措施。

4）冷弯薄壁型钢构件应符合《冷弯薄壁型钢结构技术规范》（GB 50018—2002）的有关规定，且壁厚不小于 3.0mm。表面处理应符合《钢结构工程施工质量验收规范》（GB 50205—2001）的有关规定。

5）钢型材表面除锈等级应不低于 Sa2.5 级，并采取热浸镀锌处理等有效的防腐蚀措施。采用热浸镀锌防腐蚀处理时，锌膜厚度应符合《金属覆盖层　钢铁制件热浸镀锌层技术要求及试验方法》（GB/T 13912—2002）的规定；采用氟碳喷涂或聚氨酯漆喷涂时，涂膜厚度宜不小于 45μm。

6）钢材焊接用焊条，成分和性能指标应符合《非合金钢及细晶粒钢焊条》（GB/T 5117—2012）、《热强钢焊条》（GB/T 5118—2012）的规定。

3. 不锈钢及制品

（1）不锈钢　不锈钢是含铬 12% 以上的铁基合金，是不锈耐酸钢的简称。不锈钢可加工成板、管、型材、各种连接件等，表面可加工成自不发光、无光泽的亚光和高度抛光发亮的两种。如通过化学浸渍着色处理，可制得彩色不锈钢，既保持了不锈钢原有的耐腐蚀性能，又进一步提高了其装饰效果。

不锈钢装饰材料不仅坚固耐用、美观新颖，而且具有强烈的时代感，既可作为非承重的装饰，也可作承重构件。其主要包括不锈钢薄板、不锈钢钢管、不锈钢角材及槽材。

（2）幕墙不锈钢型材的基本要求

1）不锈钢材料宜采用奥氏体不锈钢，镍铬总含量宜不小于25%，且镍含量应不小于8%；暴露于室外或处于高湿度环境的不锈钢构件，镍铬总含量宜不小于29%，且镍含量应不小于12%。

2）不锈钢绞线在使用前必须提供预张拉试验报告、破断力试验报告。其质量和性能应符合《建筑用不锈钢绞线》（JG/T 200—2007）、《不锈钢丝绳》（GB/T 9944—2002）的规定。不锈钢铰线护层材料宜选用高密度聚乙烯。

3）点支承玻璃幕墙采用的锚具，其性能应符合《预应力筋用锚具、夹具和连接器》（GB/T 14370—2007）和《预应力筋用锚具、夹具和连接器应用技术规程》（JGJ 85—2010）的规定。

4）点支承玻璃幕墙用支承装置，其化学成分、外观质量和力学性能应符合《建筑玻璃点支承装置》（JG/T 138—2010）的规定。全玻璃幕墙用的吊夹装置，其化学成分、外观质量和力学性能应符合《吊挂式玻璃幕墙支承装置》（JG 139—2001）的规定。

2.3　幕墙连接密封材料

建筑密封材料包括结构胶、密封胶、密封垫和密封胶条等。建筑密封材料的选取和使用极为关键，应选用有较好的耐候性、抗紫外线和粘结性的产品，尤其是胶的抗变形性能，要能长久地承受拉力与压力交替出现的循环应力。

2.3.1　硅酮建筑胶和硅酮结构胶

硅酮的主要成分有聚二甲基硅氧烷、二氧化硅等。硅酮结构中硅和氧构成双键的碳被硅代替。硅酮胶主要分为脱醋酸型、脱醇型、脱氨型、脱丙型。因为用户购买硅酮密封胶主要用于玻璃的粘接和密封，所以硅酮胶俗称玻璃胶。

有机硅物质有上千种产品，硅酮胶英文名字是Silicone，硅酮胶只是有机硅的部分产品。化学成分有聚二甲基硅氧烷、二氧化硅的聚合物都可以称为硅酮。

1. 硅酮密封胶的特点

硅酮密封胶是指以线型聚硅氧烷为主要原料生产的密封胶，也叫有机硅密封胶。硅酮密封胶的高分子主链主要由硅－氧－硅键组成，在固化过程中交联剂与基础聚合物反应形成网状的 Si－O－Si 骨架结构。与其他高分子组成的有机密封胶（如聚氨醋密封胶、丙烯酸类密封胶、聚硫密封胶等）相比，硅酮胶具有多方面特点：

1）优异的耐候性能，不流淌。

2）低温 −20℃ 到高温 +40℃ 具有优良的挤出性。

3）固化收缩率低。

4）低温 −40℃ 到高温 +150℃ 的柔韧性好。

5）储存稳定性优良。

6）对金属无腐蚀。

7）对多数材料不需要底漆。

2. 建筑用硅酮密封胶的分类

硅酮密封胶从产品包装上可分为两类：单组分和双组分。

单组分硅酮建筑密封胶一般是通过与空气中的水分发生反应进行固化的，固化过程由表面逐渐向深层进行，因此，其深层固化速度相对较慢，而且对施工深度、宽度、环境温度、环境湿度等有一定要求，受环境湿度影响较大。在一般情况下需要 5～7d 才具有一定强度，如需达到最佳效果则需 7～21d。单组分因其使用简便等原因，一般适用于工地施工。

双组分建筑用硅酮密封胶有 A、B 两个组分，使用时需要先将两个组分混合均匀，然后在一定的时间内将胶注入用胶部位，混合超过一定时间密封胶就会固化，无法使用。双组分一般需 2～5d 就能达到强度。双组分胶因其固化速度较快、可深层固化等特点，一般适用于门窗厂中空玻璃密封等。

硅酮密封胶有多种颜色，常用颜色有黑色、瓷白、透明、银灰、灰、古铜六种，其他颜色可根据客户要求订做。

硅酮密封胶根据用途可分为耐候胶和结构胶。

（1）硅酮耐候胶

1）适用于各种幕墙耐候密封，特别适用于玻璃幕墙、铝塑板幕墙、石材干挂的耐候密封。

2）用于金属、玻璃、铝材、瓷砖、有机玻璃、镀膜玻璃间的接缝密封。

3）用于混凝土、水泥、砖石、岩石、大理石、钢材、木材、阳极处理铝材及涂漆铝材表面的接缝密封。大多数情况下都无需使用底漆。

（2）硅酮结构胶

1）首要用于玻璃幕墙的金属和玻璃间结构或非结构性粘合装配。

2）它能将玻璃直接和金属构件表面连接构成单一装配组件，满足全隐或半隐框的幕墙设计要求。

3）可用于中空玻璃的结构性粘接密封。

3. 结构胶与耐候胶的基本要求

1）硅酮结构密封胶应符合《建筑用硅酮结构密封胶》(GB 16776—2005) 的相关规定。

2）双组分产品两组分的颜色应有明显区别。

3）硅酮结构密封胶的物理性能应满足表2-14 的要求。硅酮结构密封胶不应与聚硫密封胶接触使用。

表 2-14　硅酮结构密封胶物理性能

检测项目		单位	技术指标
下垂度	垂直放置	mm	≤3
	水平放置	—	不变形
挤出性 a		s	≤10
适用期 b		min	≥20
表干时间		h	≤3
硬度（Shore A）		—	20～60

（续）

检测项目			单位	技术指标
拉伸粘结性	拉伸粘结强度	23℃	N/mm²	≥0.60
		90℃	N/mm²	≥0.45
		−30℃	N/mm²	≥0.45
		浸水后	N/mm²	≥0.45
		水—紫外线光照后	N/mm²	≥0.45
	粘结破坏面积		%	≤5
	最大拉伸强度时伸长率（23℃）		%	≥100
热老化	热失重（%）		%	≤10
	龟裂		—	无龟裂
	粉化		—	无粉化

注：1. a 仅适用于单组分产品。

2. b 仅适用于双组分产品。

4）硅酮结构密封胶和硅酮建筑密封胶应具备产品合格证、有保质年限的质量保证书及相关性能检测报告。

5）同一幕墙工程应采用同一品牌的硅酮结构密封胶和硅酮建筑密封胶。用于石材幕墙的硅酮结构密封胶应有专项试验报告。

6）硅酮结构密封胶和硅酮建筑密封胶必须在有效期内使用，使用前应经有相应资质的检测机构进行与其接触材料的相容性试验。硅酮结构密封胶还应做剥离粘结性试验和邵氏硬度试验。

7）隐框和半隐框玻璃幕墙，其玻璃与铝型材粘结必须采用中性硅酮结构密封胶；全玻璃幕墙和点支承幕墙采用镀膜玻璃时，不应采用酸性硅酮结构密封胶。

8）硅酮结构密封胶采用底漆时，应符合如下规定：

① 必须经有相应资质的检测机构做相容性试验和剥离粘结性试验。

② 硅酮结构密封胶与配套使用的底漆应由同一生产厂配制。底漆应有明显的颜色识别，并提供使用说明书。

③ 必须严格按照使用说明书的要求操作。

9）硅酮结构密封胶和硅酮建筑密封胶应标明如下内容：产品名称、产品标记、生产厂名称及厂址、生产日期、产品生产批号、贮存期、包装产品净容量、产品颜色、产品使用说明。

10）硅酮建筑密封胶应符合《硅硐建筑密封胶》（GB/T 14683—2003）的规定，密封胶的位移能力应符合设计要求，且不小于20%，其性能应满足表2-15的要求。宜采用中性硅酮建筑密封胶。

表2-15　硅酮建筑密封胶的性能要求

项　　目	技术指标			
	25HM	20HM	25LM	20LM
密度/（g/cm³）	规定值±0.1			

（续）

项　　目		技　术　指　标			
		25HM	20HM	25LM	20LM
下垂度/mm	垂直	≤3			
	水平	无变形			
表干时间/h		≤3			
挤出性/（mL/min）		≥80			
弹性恢复率（%）		≥80			
拉伸模量/MPa	23℃	>0.4 或 >0.6		≤0.4 和 ≤0.6	
	-20℃				
定伸粘结性		无破坏			
紫外线辐照后粘结性		无破坏			
冷拉—热压后粘结性		无破坏			
浸水后定伸粘结性		无破坏			
质量损失率（%）		≤10			

11）石材幕墙金属挂件与石材间粘接、固定和填缝的胶粘材料，应具有高机械性抵抗能力。选用干挂石材用环氧胶粘剂时，应符合《干挂石材幕墙用环氧胶粘剂》（JC 887—2001）的相关规定，其物理力学性能应满足表 2-16 的要求。

表 2-16　石材用建筑密封胶的性能要求

项　目		技　术　指　标						
		50HM	25HM	20HM	50LM	25LM	20LM	12.5E
下垂度/mm	垂直	≤3						
	水平	无变形						
表干时间/h		≤3						
挤出性/（mL/min）		≥80						
弹性恢复率（%）		≥80						≥40
拉伸模量/MPa	+23℃	>0.4 或 >0.6			≤0.4 和 ≤0.6			—
	-20℃							
定伸粘结性		无破坏						
冷拉热压后粘结性		无破坏						
浸水后定伸粘结性		无破坏						
质量损失（%）		≤5.0						
污染性	污染宽度/mm	≤2.0						
	污染深度/mm	≤2.0						

4. 建筑用硅酮胶使用环境要求

各种硅酮密封胶使用时均会受到以下限制：

1）长期浸水的地方不宜施工。

35

2）不与会渗出油脂、增塑剂或溶剂的材料相溶。

3）结霜或潮湿的表面不能粘合。

4）完全密闭处无法固化（硅胶需靠空气中的水分固化）。

5）基材表面不干净或不牢固。

2.3.2 幕墙埋件、连接件与紧固件

1. 埋件

建筑幕墙依据不同的面板材料分为玻璃幕墙、金属幕墙和石材幕墙，无论哪类幕墙，其承载结构体系与建筑主体结构的连接，通常都是通过预埋件或后加锚固件来实现的。幕墙除了承受自重荷载外，还要承受风力、地震等荷载的影响，因此预埋件与建筑主体结构的连接是否可靠耐久，直接关系到幕墙的结构安全与使用寿命。

埋件按其形成时序分为预埋件和后置埋件。

（1）预埋件 预埋件是预先安置在结构内的构件，即在结构浇筑时留设在结构中的由钢板和锚固筋组成的构件。预埋件分为爪式埋件和槽型埋件。

爪形埋件是在预埋钢板背后焊接钢爪，锚固在现浇混凝土中的埋件，常见的 A～F 几种类型如图 2-1 所示。

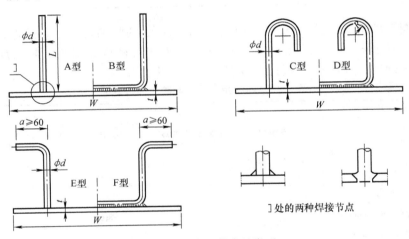

图 2-1 爪形埋件常见类型

槽型埋件的金属槽可由钢板折弯、铸件、锻件制成。锚筋与金属槽可制成一体，或焊接而成。这种形式的预埋件具有体积小、施工方便的优点，且已形成系列，施工中常用到槽型埋件长度为 300mm，锚筋长度为 100mm 或 60mm。

槽型预埋件与幕墙龙骨的转接件采用 T 型螺栓连接，现场不需要焊接，安装非常方便。槽型预埋件通过在其槽口内能够自由水平滑动的 T 型螺栓与幕墙龙骨转接件相连接，转接件与 T 型螺栓连接处在竖直方向上开长型孔，转接件与幕墙龙骨连接处在垂直于幕墙面方向上开长型孔，这样就实现了幕墙龙骨安装的三维调整，安装十分方便，如图 2-2 所示。平板预埋件也能实现三维调整，但是调整完之后需要焊接来固定，一方面给现场施工增加了难度，另一方面也增大了火灾发生的可能性。

（2）后置埋件 后置埋件即平板埋件，通过普通膨胀螺栓、化学锚栓或穿透螺栓（双头螺柱）以及焊接封闭钢板等方式实现埋件的固定。

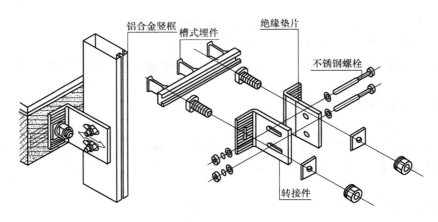

铝合金竖框　槽式埋件　绝缘垫片

不锈钢螺栓

转接件

图2-2　槽型埋件安装示意图

后置埋件的几种施工方法：

① 普通膨胀螺栓固定。

② 化学锚栓固定。

③ 穿透螺栓（双头螺柱）固定。

④ 包箍钢板焊接（通常用于柱或梁）。

⑤ 后补做土建结构时埋设预埋式埋件。

以上几种形式可以复合使用，目前常用的是两个膨胀螺栓和两个化学螺栓复合使用，对角线设置。

2. 金属连接件与紧固件

1）连接件、紧固件、组合配件宜选用不锈钢或铝合金材料，应符合国家现行标准的规定，并具备产品合格证、质量保证书及相关性能的检测报告。铝合金结构焊接应符合《铝合金结构设计规范》（GB 50429—2007）和《铝及铝合金焊丝》（GB/T 10858—2008）的规定，焊丝宜选用 SAlMG–3 焊丝（Eur 5356）或 SAlSi–1 焊丝（Eur 4043）。

2）紧固件螺栓、螺钉、螺柱等的机械性能、化学成分应符合《紧固件机械性能》系列 GB/T 3098.1～3098.21 的规定。螺钉、螺栓、铆钉整体表面圆滑，镀锌面色泽均匀，表面没有腐蚀斑点，螺栓、螺钉与螺母配合适当。长度、直径、螺纹长度、螺母厚度应分别符合各有关规范、标准的要求。

3）锚栓应符合《混凝土用膨胀型、扩孔型建筑锚栓》（JG 160—2004）、《混凝土结构后锚固技术规程》（JG J145—2013）的规定，可采用碳素钢、不锈钢或合金钢材料。化学螺栓和锚固胶的化学成分、力学性能应符合设计要求，药剂必须在有效期内使用。

化学膨胀栓螺杆及膨胀套（环）整体圆滑，镀锌面色泽均匀，表面没有腐蚀，规格、尺寸、螺杆长度、直径、螺纹长度、螺母的厚度应符合规范要求。

建筑幕墙构架与主体结构采用后加锚栓连接时，应符合下列规定：

① 产品应有出厂合格证。

② 碳素钢锚栓应经过防腐处理。

③ 应进行承载力现场试验，必要时应进行极限拉拔试验。

④ 每个连接节点不应少于2个锚栓。

⑤ 锚栓直径应通过承载力计算确定，并不应小于10mm。

⑥ 不宜在与化学锚栓接触的连接件上进行焊接操作。

⑦ 锚栓承载力设计值不应大于其极限承载力的 50%。

4) 背栓的材料性质和力学性能应满足设计要求，并由有相应资质的检测机构出具检测报告。

2.3.3 密封和嵌缝材料

1. 密封垫和密封胶条

密封垫和密封胶条采用黑色高密度的三元乙丙橡胶制品，并符合现行国家标准的有关规定。密封垫挤压成块，密封胶条挤压成条，邵氏硬度为 70±5，并具有 20%~35% 的压缩度。

橡胶条包括密封胶条和减震胶条。

胶条表面应光滑、无裂纹、无起泡或凹凸、穿孔等缺陷，如每 35m 内发现不止一处缺陷，则该批胶条视作不合格。用手按压胶条，当手放松时，胶条能迅速恢复原状，弹力丰富、不粘手、手感好。截面形状符合设计要求，取一段胶条穿于铝型材相应的槽内，用手向不同的方向扯动，胶条应只在槽内滑动，而不脱出槽外。橡胶密封材料应有良好的弹性和抗老化性能，低温时能保持弹性，不发生脆性断裂。

2. 泡沫棒

泡沫棒体截面形状为正圆，整体顺滑，不起节，没有明显的椭圆现象或凹凸现象，颜色雪白，不应有杂色。泡沫棒弹力丰富，用手指按压后，能较快恢复原位。其密度不宜大于 $37kg/m^3$，直径应符合设计要求，允许偏差为 ±0.5mm。

3. 双面胶带

双面胶带外观整体顺滑、不起节，没有明显的凹凸现象。双面胶带截面应为长方形或正方形。肉眼观测没有明显的弄压现象，尺寸允许偏差宽度为 ±0.5mm，厚度允许偏差为 ±0.35mm。双面胶带与铝型材和玻璃的粘结应牢靠，不易脱离。

4. 隔热保温材料

幕墙的隔热保温材料，宜采用岩棉、矿棉、玻璃棉、防火棉等不燃或难燃材料。

岩棉板产品应使用防潮材料包装，包装要完整。包装箱上应标明制造厂名称、产品名称、商标、净重或重量、制造日期以及"勿挤压""勿雨淋"等字样。岩棉板应色泽均匀，观感及手感好，不结节，干爽不潮湿，结构严密，疏密一致，韧性好，不易撕裂。尺寸应符合订货要求。

2.4 幕墙材料的加工制作

2.4.1 加工制作的一般规定

1) 玻璃幕墙在加工制作前应与土建施工图进行核对，对已建主体结构进行复测，并应按实测结果对幕墙设计进行必要调整。

2) 加工幕墙构件所采用的设备、机具应满足幕墙构件加工精度要求，其量具应定期进行计量认证。

3) 采用硅酮结构密封胶粘结固定隐框玻璃幕墙构件时，应在洁净、通风的室内进行注胶，且环境温度、湿度条件应符合结构胶产品的规定，注胶宽度和厚度应符合设计要求。

4）除全玻幕墙外，不应在现场打注硅酮结构密封胶。

5）单元式幕墙的单元组件、隐框幕墙的装配组件均应在工厂加工组装。

6）低辐射镀膜玻璃应根据其镀膜材料的粘结性能和其他技术要求，确定加工制作工艺；镀膜与硅酮结构密封胶不相容时，应除去镀膜层。

7）硅酮结构密封胶不宜作为硅酮建筑密封胶使用。

2.4.2　铝合金型材加工

1）铝合金构件的加工应符合下列要求：

① 铝合金型材截料之前应进行校直调整。

② 横梁长度允许偏差为 ±0.5mm；立柱长度允许偏差为 ±1.0mm；端头斜度的允许偏差为 −15′。铝合金型材截料可分为直角截料和斜角截料，如图 2-3 所示。

③ 孔位的允许偏差为 ±0.5mm，孔距的允许偏差为 ±0.5mm。

④ 铆钉的通孔、螺钉的沉孔、螺纹孔等的尺寸偏差应符合国家相关标准的要求。

2）铝合金构件中槽、豁、榫的加工应符合下列要求：

① 铝合金构件槽口尺寸（图 2-4）允许偏差应符合表 2-17 的要求。

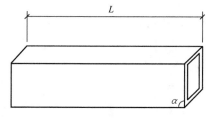

直角截料

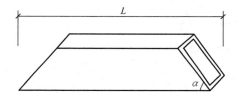

斜角截料

图 2-3　铝合金型材截料示意图

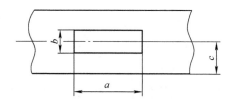

图 2-4　铝合金构件槽口尺寸示意图

表 2-17　槽口尺寸允许偏差

项目	a	b	c
允许偏差/mm	0 ~ +0.5	0 ~ +0.5	±0.5

② 铝合金构件豁口尺寸（图 2-5）允许偏差应符合表 2-18 的要求。

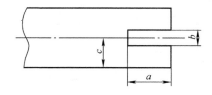

图 2-5　铝合金构件豁口尺寸示意图

39

表2-18　豁口尺寸允许偏差

项目	*a*	*b*	*c*
允许偏差/mm	0 ~ +0.5	0 ~ +0.5	±0.5

③ 铝合金构件榫头尺寸（图2-6）允许偏差应符合表2-19的要求。

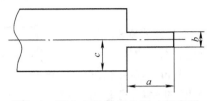

图2-6　铝合金构件榫头尺寸示意图

表2-19　榫头尺寸允许偏差

项目	*a*	*b*	*c*
允许偏差/mm	0 ~ -0.5	0 ~ -0.5	±0.5

2.4.3　玻璃加工

1）玻璃幕墙的单片玻璃、夹层玻璃、中空玻璃的加工精度应符合下列要求：

① 单片钢化玻璃，其尺寸的允许偏差应符合表2-20的要求。

表2-20　单片钢化玻璃尺寸允许偏差

项目	玻璃厚度/mm	玻璃边长 $L \leqslant 2000$	玻璃边长 $L > 2000$
边长	6，8，10，12	±1.5	±2.0
	15，19	±2.0	±3.0
对角线差	6，8，10，12	≤2.0	≤3.0
	15，19	≤3.0	≤3.5

② 采用中空玻璃时，其尺寸的允许偏差应符合表2-21的要求。

表2-21　中空玻璃尺寸允许偏差

项目		允许偏差
边长	$L < 1000$	±2.0
	$1000 \leqslant L < 2000$	+2.0，-3.0
	$L \geqslant 2000$	±3.0
对角线差	$L \leqslant 2000$	≤2.5
	$L > 2000$	≤3.5
厚度	$t < 17$	±1.0
	$17 \leqslant t \leqslant 22$	±1.5
	$t \geqslant 22$	±2.0
叠差	$L < 1000$	±2.0
	$1000 \leqslant L < 2000$	±3.0
	$2000 \leqslant L < 4000$	±4.0
	$L \geqslant 4000$	±6.0

③ 采用夹层玻璃时，其尺寸的允许偏差应符合表2-22的要求。

表2-22　夹层玻璃尺寸允许偏差

项目	允许偏差	
边长	$L \leqslant 2000$	±2.0
	$L > 2000$	±2.5
对角线差	$L \leqslant 2000$	≤2.5
	$L > 2000$	≤3.5
叠差	$L < 1000$	±2.0
	$1000 \leqslant L < 2000$	±3.0
	$2000 \leqslant L < 4000$	±4.0
	$L \geqslant 4000$	±6.0

2）玻璃弯加工后，其每米弦长内拱高的允许偏差为±3.0mm，且玻璃的曲边应顺滑一致；玻璃直边的弯曲度，拱形时不应超过0.5%，波形时不应超过0.3%。

3）全玻幕墙的玻璃加工应符合下列要求：

① 玻璃边缘应倒棱并细磨，外露玻璃的边缘应精磨。

② 采用钻孔安装时，孔边缘应进行倒角处理，并不应出现崩边。

4）点支承玻璃加工应符合下列要求：

① 玻璃面板及其孔洞边缘应均应倒棱和磨边，倒棱宽度不宜小于1mm，磨边宜细磨。

② 玻璃切角、钻孔、磨边应在钢化前进行。

③ 玻璃加工允许偏差应符合表2-23的规定。

④ 中空玻璃开孔后，开孔处应采取多道密封措施。

⑤ 夹层玻璃、中空玻璃的钻孔可采用大、小孔相对的方式。

表2-23　点支承玻璃加工允许偏差

项目	边长尺寸	对角线差	钻孔位置	孔距	孔轴线与玻璃平面垂直度
允许偏差	±1.0	≤2.0	±0.8	±1.0	±12′

2.4.4　明框幕墙组件加工

1）明框幕墙组件加工尺寸允许偏差应符合下列要求：

① 组件装配尺寸允许偏差应符合表2-24的要求。

表2-24　组件装配尺寸允许偏差

项目	构件长度	允许偏差
型材槽口尺寸	≤2000	±2.0
	>2000	±2.5
组件对边尺寸差	≤2000	≤2.0
	>2000	≤3.0
组件对角线尺寸差	≤2000	≤3.0
	>2000	≤3.5

② 相邻构件装配间隙及同一平面度的允许偏差应符合表 2-25 的要求。

表 2-25 相邻构件装配间隙及同一平面度的允许偏差

项目	允许偏差
装配间隙	≤0.5
同一平面度差	≤0.5

2）单层玻璃与槽口的配合尺寸（图 2-7）应符合表 2-26 的要求。

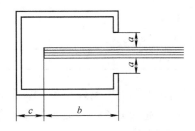

图 2-7 单层玻璃与槽口的配合尺寸示意图

表 2-26 单层玻璃与槽口的配合尺寸

玻璃厚度	a	b	c
5~6	≥4.5	≥15	≥5
8~10	≥5.0	≥16	≥5
≥12	≥5.5	≥18	≥5

3）中空玻璃与槽口的配合尺寸（图 2-8）应符合表 2-27 的要求。

4）组装时，应保证玻璃与铝合金框料之间的间隙。玻璃的下边缘应采用两块压模成型的氯丁橡胶垫块支承，厚度不应小于 5mm，每块长度不应小于 100mm。

5）设计要求密封时，应采用硅酮建筑密封胶进行密封。

2.4.5 隐框幕墙组件加工

隐框幕墙组件是由结构胶将玻璃和铝合金副框粘结在一起组成的结构玻璃装配组件。

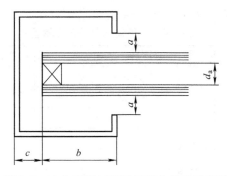

图 2-8 中空玻璃与槽口的配合尺寸示意图

表 2-27　中空玻璃与槽口的配合尺寸

中空玻璃厚度	a	b	c		
			下边	上边	侧边
$6+d_a+6$	≥5	≥17	≥7	≥5	≥5
$8+d_a+8$ 及以上	≥6	≥18	≥7	≥5	≥5

注：d_a 为空气层厚度，应≥9mm。

隐框幕墙组件加工制作的要求：

1）对玻璃面板及铝框的清洁要求，应在清洁后 1h 之后进行注胶，注胶再度污染时，应重新清洁。

2）硅酮结构密封胶注胶前必须取得合格的相容性和剥离粘结性检验报告，必要时应加涂底漆；双组分硅酮结构密封胶尚应进行混匀性试验和拉断试验。

3）采用硅酮结构密封胶粘结板块时，不应使结构胶长期处于单独受力状态。硅酮结构密封胶组件在固化并达到足够承载力前不应搬动。

4）隐框玻璃幕墙装配组件的注胶必须饱满，不得出现气泡，胶缝表面应平整光滑；收胶缝的余胶不得重复使用。

5）硅酮结构密封胶完全固化后，隐框玻璃幕墙装配组件的尺寸允许偏差应符合表 2-28 的规定。

表 2-28　隐框玻璃幕墙装配组件尺寸允许偏差

序号	项目	尺寸范围	允许偏差
1	框长、宽尺寸		±1.0
2	组件长、宽尺寸		±2.5
3	框接缝高度差		≤0.5
4	框内侧对角线差及组件对角线差	长边≤2000 时	≤2.5
		长边>2000 时	≤3.5
5	框组装间隙		≤0.5
6	胶缝宽度		0～+2.0
7	胶缝厚度		0～+0.5
8	组件周边玻璃与铝框位置差		±1.0
9	结构组件平面度		≤3.0
10	组件厚度		±1.5

6）当隐框玻璃幕墙采用悬挑玻璃时，玻璃的悬挑尺寸应符合计算要求，且不宜超过 150mm。

材料是保证玻璃幕墙质量和安全的物质基础。玻璃幕墙中的主要材料铝合金型材、玻璃、建筑密封材料及五金件等不是单独起作用的，而是相互制约、相互保障的。由于生产技术和管理水平的差别、生产厂家不同，材料质量差别较大。但是，作为幕墙使用材料都应满足国家或行业标准规定的质量指标要求，不合格材料严禁使用。所有材料及附件均应有产品质量证明书及产品合格证，并由供应商以书面形式提供质量保证。

小　　结

　　建筑幕墙材料主要包括：面板材料（包括玻璃、金属板、石材、人造板、复合板等）、骨架材料和幕墙连接密封材料等。幕墙材料具有品种相对较少，规格相对单一，但材料质量要求严格的特点。

　　幕墙常用玻璃包括安全玻璃和节能玻璃。安全玻璃根据玻璃的生产工艺及特点分为钢化玻璃、夹丝玻璃、夹层玻璃、防火玻璃；节能玻璃包括镀膜玻璃和中空玻璃等。

　　建筑幕墙常用的金属面板包括铝单板、钢板和铜板等。

　　幕墙常用石材包括花岗岩、大理石、砂岩、洞石等。

　　幕墙用人造板包括微晶玻璃、瓷板、陶土板、玻璃纤维增强水泥（GRC）板、高压热固化木纤维板等，随着建筑材料的发展，越来越多性能优越、可设计性强的人造板应用于建筑幕墙中。

　　幕墙用复合板材包括铝塑复合板、蜂窝铝板、蜂窝石材板等。

　　幕墙骨架材料主要包括铝合金骨架和钢骨架。

　　建筑密封材料包括结构胶、密封胶、密封垫和密封胶条等。

　　埋件按其形成时序分为预埋件和后置埋件。

　　材料是保证玻璃幕墙质量和安全的物质基础。作为幕墙使用材料都应满足国家或行业标准规定的质量指标要求，不合格材料严禁使用。

　　 思　考　题

1. 安全玻璃有哪些？如何保证玻璃的安全？

2. 节能玻璃有哪些？节能玻璃是如何节能的？

3. 幕墙玻璃有哪些基本要求？

4. 建筑幕墙常用的氟碳铝板是如何防腐的？

5. 幕墙金属板有哪些基本要求？

6. 幕墙用砂岩和洞石有哪些基本要求？

7. 幕墙人造板板材的基本要求是什么？

8. 幕墙复合板板材的基本要求是什么？

9. 幕墙铝合金型材的基本要求有哪些？

10. 幕墙硅酮密封胶的特点是什么？

11. 结构胶与耐候胶的基本要求有哪些？

12. 建筑用硅酮胶使用环境要求是什么？

13. 后置埋件的施工方法有哪些？

14. 幕墙材料加工制作的一般规定有哪些？

15. 隐框幕墙组件加工制作要求有哪些？

项 目 实 训

1. 实训目的

为了让学生了解建筑幕墙材料的性能和特点，掌握幕墙材料的基本要求，通过现场调研综合实践，全面增强理论知识和实践能力，尽快了解幕墙材料，掌握幕墙材料的选择和应用，熟悉幕墙材料的基本要求，为今后的学习打下良好的基础。

2. 实训内容

学生根据幕墙施工图，进行材料调研，初步选择幕墙材料，完成幕墙配料单。

3. 实训要点

1）学生必须高度重视，服从安排，听从指导，严格遵守调研单位的各项规章制度和学校提出的纪律要求。

2）学生在实习期间应认真、勤勉、好学、上进，积极主动完成材料调研。

3）学生在实习中应做到：将所学的专业理论知识同实际相结合；将思想品德的修养同良好职业道德的培养相结合；将个人刻苦钻研同虚心向他人求教相结合。

4. 实训过程

1）实训准备

① 做好实训前相关资料查阅工作，熟悉幕墙材料的基本要求及加工过程。

② 联系参观企业现场，提前沟通好各个环节。

2）实训内容：在熟悉幕墙施工图的基础上，在实训基地进行幕墙材料的选择与调配；熟悉幕墙材料的基本要求和材料加工过程；制定幕墙配料单。

3）调研步骤

① 领取实训任务书。

② 分组并分别确定实训地点。

③ 熟悉幕墙施工图。

④ 实训基地参观和实操。

⑤ 完成实训成果。

4）教师指导点评和疑难解答。

5）进行总结和评估。

5. 项目实训基本步骤

步　骤	教师行为	学生行为
1	交代实训工作任务背景，引出实训项目	（1）分好小组 （2）准备幕墙施工图
2	布置幕墙材料选择应做的准备工作	
3	使学生明确实训步骤和内容，帮助学生落实实训场所	
4	学生分组实训，教师巡回指导	完成幕墙配料单
5	点评实训成果	自我评价或小组评价
6	布置下一步的实训作业	明确下一步的实训内容

6. 项目评估

项目技能	技能达标分项	备 注
项目：		**指导老师：**
调研报告	1. 内容完整，得2.0分 2. 符合施工现场情况，得2.0分 3. 佐证资料齐全，得1.0分	根据职业岗位、技能需求，学生可以补充完善达标项
自我评价	对照达标分项，得3分为达标； 对照达标分项，得4分为良好； 对照达标分项，得5分为优秀	客观评价
评议	各小组间互相评价，取长补短，共同进步	提供优秀作品观摩学习

自我评价　　　　　　　　　　　　　　　个人签名

小组评价　达标率_____　　　　　　组长签名_____

　　　　　良好率_____

　　　　　优秀率_____

　　　　　　　　　　　　　　　　　　　　　　　　　　　年　　月　　日

项目 3 ▶▶▶▶▶

建筑幕墙设计

学习目标

　　通过本项目的学习，要求学生掌握幕墙建筑设计原理和基本要求，了解幕墙结构设计的基本概念；熟悉建筑幕墙构造设计基本要求和物理性能要求；了解幕墙的光学设计、热工设计、防雷设计和防火设计的基本原理，能够进行幕墙的分格设计，为幕墙施工的学习打下良好基础。

3.1　幕墙建筑设计

3.1.1　幕墙建筑设计原理和基本要求

　　1. 幕墙建筑设计基本原理

　　1）建筑幕墙应根据建筑物的使用功能、立面设计，经综合技术经济分析，选择其型式、构造和材料。

　　2）建筑幕墙应与建筑物整体及周围环境相协调。建筑幕墙的设计是由建筑设计单位和幕墙设计单位共同完成的。建筑设计单位的主要任务是确定幕墙立面的线条、色调、构图、建筑类别、虚实组合和协调；幕墙与建筑整体、与环境的关系，并对幕墙的材料和制作提供设计意图和要求。幕墙的具体设计工作往往由幕墙设计单位（一般是幕墙公司）完成。

　　建筑幕墙的选型是建筑设计工作的重要内容，设计者不仅要考虑立面的新颖、美观，而且要考虑建筑的使用功能、造价、环境、能耗、施工条件等诸多因素。

　　3）建筑幕墙立面的分格宜与室内空间组合相适应，不宜妨碍室内功能和视觉。在确定玻璃板块尺寸时，应有效提高玻璃原片的利用率，同时应适应钢化、镀膜、夹层等生产设备的加工能力。建筑幕墙的分格是立面设计的重要内容，设计者除了考虑立面效果外，必须综合考虑室内空间组合、功能和视觉、建筑尺度、加工条件等多方面的要求。

　　4）幕墙中的建筑板块应便于更换。幕墙开启窗的设置，应满足使用功能和立面效果要求，并应启闭方便，避免设置在梁、柱、隔墙等位置。开启扇的开启角度不宜大于30°，开启距离不宜大于300mm。

　　建筑幕墙作为建筑的外围护结构，要求具有良好的密封性，如果开启窗设置过多、开启面积过大，既增加了采暖空调的能耗、影响立面整体效果，又增加了雨水渗漏的可能性。《玻璃幕墙工程技术规范》(JGJ 102—1996)中曾规定开启面积不宜大于幕墙面积的 15%，即是这方面的考虑。但是，有些建筑，如学校、会堂等，既要求采用幕墙装饰，又要求具有良好的通风条件，其开启面积可能超过幕墙面积的 15%。因此，新规范《玻璃幕墙工程技术规范》(JGJ 102—2003)取消了这一定量的规定。实际幕墙工程中开启窗的设置数量，应兼顾建筑使用功能、美观和节能环保的要求。开启窗的开启角度和开启距离过大，不仅开启扇本身不安全，而且增加了建筑使用中的不安全因素（如人员安全）。

5）建筑幕墙应便于维护和清洁。高度超过 40m 的幕墙工程宜设置清洗设备。

2. 幕墙设计文件的一般要求

1）设计文件的编制必须执行现行国家、行业和地方颁布的法令、标准、规范、规程，遵守设计工作程序。

2）加强对建筑幕墙工程设计文件编制的管理，保证各阶段设计文件的质量和完整性，符合国家现行有关建筑设计深度。

3）建筑幕墙设计文件的编制深度，应满足建筑对幕墙的各项技术、性能和安全指标。

4）建筑幕墙设计的立面既要满足建筑设计的艺术性，又要符合幕墙技术的安全性、耐久性、合理性，同时又必须确保幕墙在使用过程中具有足够的安全储备。

5）建筑幕墙工程设计一般按方案设计、施工图设计两个阶段进行。

6）各阶段设计文件应完整齐全，内容、深度符合规定，文字说明和图面均应符合标准，表达清晰、准确，全部文件必须严格校审，不应出现差错。

3. 幕墙方案设计

1）方案设计文件根据设计任务书和工程业主招标文件对幕墙工程设计的要求进行编制，由总说明或设计说明、设计图纸、投资估算、透视图四部分组成。

2）方案设计文件的深度应满足幕墙工程设计招标文件及业主向建设部门送审的要求，结合建筑物对幕墙外观及结构要求进行深化，供业主和设计师在评标中择优选用。

3）方案设计文件应符合设计任务书中对幕墙招标技术要求、招标设计图纸、计算参数、材料选择、主要节点构造、幕墙种类、性能测试等的要求。

4）方案设计文件根据招投标管理办法，由技术和商务两部分组成，其内容应按业主招标文件要求单列提供。

5）大型幕墙工程或有特殊要求的幕墙工程应提供幕墙效果图，根据需要可加做幕墙模型。

4. 幕墙施工图设计

1）根据设计任务书和中标方案以及专家评审意见进行编制，由幕墙计算书、设计说明书、设计图纸、主要设备系统及工程概算书和主要材料等组成。

2）施工设计文件的深度应满足幕墙工程审批的要求，并符合已审定的设计方案。

3）编制施工设计文件，应提供有关幕墙种类的结构计算资料、图纸、抗震设防烈度、幕墙用料规格、性能、技术标准以及其他要求的各项技术参数，必要时可制作局部足尺实样构造模型。

5. 幕墙设计的原则

1）建筑幕墙按建筑外围护结构设计。

2）服从于建筑设计，服务于建筑设计。建筑设计院的建施图、结施图是从事幕墙设计的依据之一。

3）服从国家法规与行业管理要求。

4）遵守技术标准与规范体系。

6. 建筑幕墙设计基本要求

1）应根据建筑物的性质、立面设计、热工要求和所处环境等，在建筑方案设计阶段选择建筑幕墙类型；经技术经济综合分析后，在初步设计阶段确定建筑幕墙类型。

2）对于建筑所处环境的风荷载、地震及气候变化，建筑幕墙应具有相应的抵抗能力和适应能力。

3）建筑幕墙玻墙比应符合规范的规定。幕墙建筑的光反射、热工性能、防火、防雷等设计要求，应符合规范的规定。

4）玻璃幕墙宜采用明框或半隐框构造。如采用隐框玻璃幕墙，应有可靠的安全技术措施。隐框玻璃幕墙和高层半隐框玻璃幕墙应经专项技术论证。外倾式斜幕墙不应采用隐框玻璃幕墙。

5）幕墙玻璃面板应符合以下要求：

① 除建筑物的底层大堂和地面高度 10m 以下的橱窗玻璃外，玻璃面板宜不大于 $4.5m^2$。

② 除夹层玻璃外，钢化玻璃应不大于 $4.5m^2$，半钢化玻璃应不大于 $2.5m^2$，钢化玻璃应有防自爆坠落措施，半钢化玻璃应有防坠落构造措施。

③ 除建筑物的底层大堂和地面高度 10m 以下的橱窗玻璃外，夹层玻璃面板应不大于 $9.0m^2$。

6）下列建筑宜进行幕墙抗爆设计：

① 特别重要的幕墙建筑。

② 建筑设计规定有抗爆要求的幕墙建筑。

7）人员密集且流动性大的重要公共建筑的幕墙玻璃面板应采用夹层玻璃。有抗爆设计的幕墙玻璃面板应满足抗爆要求。

8）临街幕墙玻璃宜采用夹层玻璃。使用钢化玻璃或半钢化玻璃时，应有防自爆坠落构造措施。

9）幕墙建筑周边宜设置安全隔离带，主要出入口上方应有安全防护设施，人员密集处可采取设置绿化带、挑檐、有顶棚的走廊等措施。

10）透明幕墙宜有可开启部分或设置通风换气装置。当设置开启窗时，其开启面积之和宜不大于幕墙总面积的 15%。

11）建筑幕墙应便于维护和清洁，高度超过 40m 的幕墙工程应设置清洗设施。

7. 幕墙建筑设计安全措施

1）建筑幕墙面板的板块及其支承结构不应跨越主体结构的变形缝。与主体结构变形缝相对应部位的幕墙构造，应能适应主体结构的变形量。

2）建筑幕墙的板块设置应符合基本要求。

3）框支承玻璃幕墙的面板可采用夹层玻璃、钢化玻璃或半钢化玻璃。点支承玻璃幕墙的面板应采用夹层玻璃或钢化玻璃。由玻璃肋支承的全玻璃幕墙，玻璃肋宜采用夹层玻璃或夹层钢化玻璃。索网结构玻璃幕墙可采用夹层玻璃。

49

4）安装在易于受到人体或物体碰撞部位的玻璃面板，应采取防护措施，并在易发生碰撞的部位设置警示标志、护栏等防撞设施。

5）楼层外缘无实体墙的玻璃部位应设置防撞设施和醒目的警示标志。设置固定护栏时，护栏高度应符合《民用建筑设计通则》（GB 50352—2005）的规定。具备以下条件之一者可不设护栏：

① 在护栏高度处设有幕墙横梁，该部位的横梁及立柱已经抗冲击计算，满足可能发生的撞击。冲击力标准值为 1.2kN，应计入冲击系数 1.50、荷载分项系数 1.40。可不与风荷载及地震作用力组合。

② 单块玻璃面积不大于 $3.0m^2$，中空玻璃的内片采用钢化玻璃，钢化玻璃厚度不小于 8mm。

③ 单块玻璃面积不大于 $4.0m^2$，中空玻璃的内片采用夹层玻璃，夹层玻璃厚度不小于 12.76mm。

④ 单块玻璃面积大于 $4.0m^2$，中空玻璃的内片采用夹层玻璃，夹层玻璃厚度经计算确定，且应不小于 12.76mm，冲击力标准值为 1.5kN，荷载作用于玻璃板块中央，应计入冲击系数 1.50、荷载分项系数 1.40，且应与风荷载、地震作用力组合，符合承载能力极限状态的规定。

3.1.2 建筑幕墙分格

幕墙的分格综合了美学、人体工程学、施工工艺、施工工序、材料规格、材料性能、同其他专业的配合等，是一项较为繁杂的工作，尤其是业主委托全权设计的时候。

1. 幕墙分格类型

1）竖向型：给人以高大、挺拔的感觉。一般在较矮的建筑中使用，如高度 20m 以下的楼房。

2）横向型：给人以厚实、稳当的感觉，一般在高大的建筑中使用，如高度 20m 以上的楼房。

3）自由组合型：活泼自由，给人以动感。

2. 幕墙分格设计的考虑因素

1）设计师对整个外立面的要求及幕墙的室内外效果。

2）建筑结构的特征尺寸。

3）防火分区。

4）对幕墙框架的力学要求（选取最小的合理的型材截面）。

5）合理的安装工艺。

6）建筑装饰面材的板面模数。

3. 幕墙分格原则

1）满足防火隔断要求。

① 跨层幕墙在有梁的位置必须有分格线，以方便设置横向防火层。层高处无楼板或者楼板退后到安全距离时可不做分格。

② 同层横向结构分区处（外墙柱位处）必须设置竖向分格，以方便设置横向分格。建筑隔墙处不必强求分格。

2）尽量减少分格尺寸种类，在不破坏立面效果的前提下尽量等分，以方便下料；考虑切材率的问题。

3）考虑面板材料的尺寸局限性。

4）考虑结构要求，如结构变形缝处必须要设置分格，且不宜过大。

4．幕墙分格设计

（1）幕墙的安全性　幕墙的安全性主要指幕墙材料的抗弯强度、抗剪强度和刚度满足国家规范要求，幕墙分格时不能只简单地做分格，要与幕墙的设计计算相结合。

防火也是幕墙的安全要求，幕墙的防火设计在《玻璃幕墙工程技术规范》和《金属与石材幕墙工程技术规范》中都有详细的规定。幕墙的防火设计，防火层的作用是封堵火焰、高温浓烟的蔓延。

在幕墙设计中，必须对防火分区之间实行"横向、竖向"的防火封堵。竖向防火：楼层与楼层之间；横向防火：一个开间与另一个开间之间，如图3-1所示。

同一幕墙板块不应跨越两个防火分区和层间防火封修。必须在楼板梁处设置一道横梁（最好在梁上边或下边，或者与楼面标高一致）、两开间墙柱位置设置一立柱，这样有利于固定防火封修板。

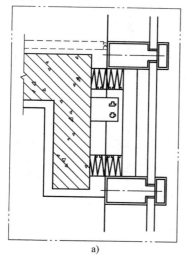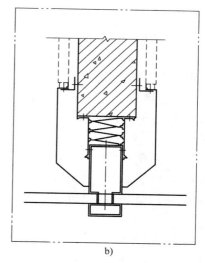

a)　　　　　　　　　　　　　　　b)

图3-1　幕墙防火设计

a）竖向防火　b）横向防火

（2）幕墙的使用功能　幕墙的使用功能主要有采光、通风、保温、隔声等，在玻璃幕墙分格时，要考虑开启扇的位置、大小等。

1）开启扇位置的合理性。满足使用功能和立面效果要求，启闭方便，避免设置在梁、柱、隔墙等位置。其高度一般在离地面800～1200mm比较适宜（幼儿园及小学的楼房，幕墙的设计要更多考虑到安全因素，可以考虑幕墙的开启扇位置偏高）。

2）开启扇大小的合理性。特别是手动开启窗的大小，应注意重量，启闭要灵活方便。

① 公共建筑的要求：外窗不宜过大，可开启面积不应小于窗面积的30%。

② 住宅建筑的要求：卧室、起居室（厅）、厨房应设置外窗，窗地面积比不应小于1/7；住宅应能自然通风，每套住宅的通风口面积不应小于地面面积的5%。

③《铝合金门窗》（GB/T 8478—2008）规范要求：铝合金门窗的启闭力应不大于50N；

《建筑装饰装修工程质量验收规范》（GB 50210—2001）规范要求：铝合金推拉门窗扇开关力不大于 100N。

④ 开启扇的大小也受到开启五金件配件、开启方式的影响，最终要通过计算得出。

⑤ 洞口门窗：建议装合页的单开窗控制在 600mm × 1500mm 以内；装四连杆的窗 600mm × 1200mm、600mm × 1500mm、900mm × 1500mm、1200mm × 1500mm；门的尺寸控制在 1000mm × 2000mm 以内；推拉窗尺寸为 900mm × 1800mm（外开窗宽度最好不能超过 750mm，过大的话，窗完全打开后不好关闭）。

⑥ 幕墙开启窗：大多数为外开上悬窗，常见宽度尺寸为 1200 ~ 1500mm，高度尺寸为 1200 ~ 2000mm。

3）室内视线的良好性。离室内地面 1400 ~ 1800mm 的位置不要设置横向分格，因为此高度正好是人的眼睛离地面的高度，这样会影响人在室内观察室外的效果，如图 3-2 所示。

4）采光的合理性。应特别注意公共场所功能性，例如火车站站房（参考《铁路旅客车站细部设计》）设计：主入口门洞总高度应在 3600mm 以上，门扇的开启高度不应小于 3000mm，每樘门的最小宽度不应小于 2100mm；玻璃幕墙从楼、地面向上的第一块的玻璃分格高度不应小于 2200mm；为了保证公共场所的良好视线效果，玻璃分格应尽可能加大。

5）与室内空间组合相适应，柱、墙的位置设立柱。在房间隔墙的位置设置竖向分格，这样有利于室内装修，可以很好地把两个房间分开，隔声效果好。

6）建筑的伸缩缝处，应结合节点作特殊处理，必须设置分格，且不宜过大。

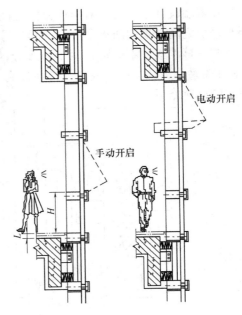

图 3-2 开启扇位置示意图

（3）满足幕墙的经济性

1）材料的利用率。分格大小应充分利用材料的常用规格，尽量提高原材料的利用率，最大限度地发挥材料的力学性能，物尽其用（分格不宜太大，但也不是越小越好。非标材料应该详细询问厂家）。各种板材常规尺寸如下：

玻璃原片的常规尺寸为 2440mm × 3660mm，分格时尺寸应向 1200mm 或 1800mm 靠近（分格大小必须同时考虑能适应钢化、镀膜、夹层等生产设备的加工能力）。

铝单板的常规尺寸为 1220mm × 2440mm、1220mm × 3040mm、1220mm × 3660mm、1524mm × 2440mm、1524mm × 3040mm、1524mm × 3660mm（长度方向一般可以定尺，但供货周期变长、价格高；考虑经济性，必须保证板块的一个尺寸必须小于 1500mm。超大尺寸的铝板，厂家可以进行铝焊加工等）。

石材短边尺寸在 600mm 以内称为工程板，价格是最经济的；短边尺寸为 600 ~ 800mm 的价格是比较适中的；当短边尺寸大于 800mm，其价格将会大幅上升，尺寸越大则价格会以几何倍数增长（短边尺寸优先选用600～800mm，且板块面积不宜大于1.0m²）。

陶土板常规宽度为200mm、250mm、300mm、450mm，常规长度为300mm、600mm、900mm、1200mm；陶土棒常规尺寸为40mm×40mm、50mm×50mm。

蜂窝铝板常规宽度为1000mm、1200mm、2500mm，常规长度为1000mm、2000mm、2500mm、3500mm。最合理的分格规格根据厚度（厚度一般为15mm、20mm、25mm）的不同而不同，通常为1500mm×4000mm。

铝型材常规最大尺寸为6000mm（订料长度一般为5850mm以下，切口长度一般为6mm，每支损耗最少加50～80mm）。

钢材常规最大尺寸为6000mm、9000mm、12000mm（切口长度一般为10mm，每支损耗最少加50～100mm，弧位两边各加500mm）。

2）互换性的设计。应尽量保持板块分格大小一致，减少分格尺寸类型，提高加工、安装工作效率，降低工程成本。比如，石材分格应尽量减少品种，有的工地两三千平方米，设计了十几种石材，给现场分类、安装带来很大工作量（图3-3）。

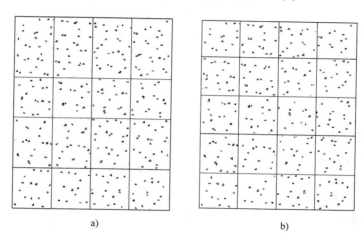

a)　　　　　　　　　　　b)

图3-3　幕墙分格互换性的设计

a）不合理分格　b）合理分格

3）加工工艺要求。如玻璃的钢化、夹层，铝板的折边，石材的切割、磨光等设备的加工尺寸要求。

（4）满足幕墙的设计效果要求

1）设计分格的原则。一般不修改原设计院的分格，因为其审美观更专业。幕墙设计师在尊重建筑师的意愿和认可下才能对幕墙分格进行改动，前提条件是不能破坏整体建筑风格。

2）板块宽高比。根据黄金分割原则（比值0.618＝1:1.6），分格比例尽量对称协调。分格长宽比一般在1:1.5～1:1.2之间，分格不宜采取1:1及1:2的比例。竖明横隐：竖大横小；竖隐横明：竖小横大。细而高的建筑，横向线条可较少，宽度方向稍大一些，显得挺拔；矮而粗的建筑则做法相反，要兼顾立面的丰富性。

3）幕墙的胶缝。幕墙在分格时要保证胶缝横平竖直，各立面的水平胶缝要交圈。

53

4）土建结构的特征。横梁布置与层高相协调，立柱的布置要考虑主体结构的轴线网以及柱、墙的位置；转角及异形位置，考虑立柱自身长度及两边分格是否对称。

幕墙的分格形式直接影响着外檐装饰的效果，制作精品建筑时，要多考虑效果。另外，还要注意与周围建筑的协调性，考虑各种不同材料交界、组合的处理方式。

3.1.3　建筑幕墙构造设计基本要求

幕墙工程技术规范对幕墙的构造设计规定如下：

1）玻璃幕墙的构造设计，应满足安全、实用、美观的原则，并应便于制作、安装、维修保养和局部更换。

2）明框玻璃幕墙的接缝部位、单元式玻璃幕墙的组件对插部位以及幕墙开启部位，宜按雨幕原理进行构造设计。对可能渗入雨水和形成冷凝水的部位，应采取导排构造措施。

3）玻璃幕墙的非承重胶缝应采用硅酮建筑密封胶。开启扇的周边缝隙宜采用氯丁橡胶、三元乙丙橡胶或硅橡胶密封条制品密封。

4）有雨篷、压顶及其他突出玻璃幕墙墙面的建筑构造时，应完善其结合部位的防、排水构造设计。

5）玻璃幕墙应选用具有防潮性能的保温材料或采取隔汽、防潮构造措施。

6）单元式玻璃幕墙，单元间采用对插式组合构件时，纵横缝相交处应采取防渗漏封口构造措施。

7）幕墙的连接部位，应采取措施防止产生磨擦噪声。构件式幕墙的立柱与横梁连接处应避免刚性接触，可设置柔性垫片或预留 $1\sim2\text{mm}$ 的间隙，间隙内填胶；隐框幕墙采用挂钩式连接固定玻璃组件时，挂钩接触面宜设置柔性垫片。

8）除不锈钢外，玻璃幕墙中不同金属材料接触处，应合理设置绝缘垫片或采取其他防腐蚀措施。

9）幕墙玻璃之间的拼接胶缝宽度应能满足玻璃和胶的变形要求，并不宜小于 10mm。

10）幕墙玻璃表面和周边与建筑内、外装饰物之间的缝隙不宜小于 5mm，可采用柔性材料嵌缝。

11）明框幕墙玻璃下边缘与下边框槽底之间应采用硬橡胶垫块衬托，垫块数量应为 2 个，厚度不应小于 5mm，每块长度不应小于 100mm。

12）明框幕墙的玻璃边缘至边框槽底的间隙应符合下式要求：

$$2c_1\left(1+\frac{l_1}{l_2}\times\frac{c_1}{c_2}\right)\geqslant u_{\text{lim}} \tag{3-1}$$

式中　u_{lim}——由主体结构层间位移引起的分格框的变形限值（mm）；

　　　　l_1——矩形玻璃板块竖向边长（mm）；

　　　　l_2——矩形玻璃板块横向边长（mm）；

　　　　c_1——玻璃与左、右边框的平均间隙（mm），取值时应考虑 1.5mm 的施工偏差；

　　　　c_2——玻璃与上、下边框的平均间隙（mm），取值时应考虑 1.5mm 的施工偏差。

非抗震设计时，u_{lim} 应根据主体结构弹性层间位移角限值确定；抗震设计时，u_{lim} 应根据主体结构弹性层间位移角限值的 3 倍确定。

13）玻璃幕墙的单元板块不应跨越主体建筑的变形缝，其与主体建筑变形缝相对应的构造缝的设计，应能够适应主体建筑变形的要求。

14）为了保证幕墙玻璃在安装和使用中的安全，框支承玻璃幕墙，宜采用安全玻璃。框支承玻璃幕墙包括明框和隐框两种形式，是目前玻璃幕墙工程中应用最多的。安全玻璃一般指钢化玻璃和夹层玻璃。斜玻璃幕墙是指和水平面的交角小于90°、大于75°的幕墙，其玻璃破碎后的颗粒会影响安全。夹层玻璃是不飞散玻璃，可对人流等起到保护作用，宜优先采用。

15）点支承玻璃幕墙的面板玻璃应采用钢化玻璃及其制品，否则会因为打孔部位应力集中而致使强度达不到要求。

16）采用玻璃肋支承的点支承玻璃幕墙，其玻璃肋应采用钢化夹层玻璃。采用玻璃肋支承的点支承玻璃幕墙，其玻璃肋属支承结构，打孔处应力集中明显，强度要求较高。另一方面，如果玻璃肋破碎，则整片幕墙会塌落，所以应采用钢化夹层玻璃。

17）人员密度大、青少年或幼儿活动的公共场所的玻璃幕墙容易遭到挤压和撞击；其他建筑中，正常活动可能撞击到的幕墙部位也容易造成玻璃破坏，为保证人员安全，这些情况下的玻璃幕墙应采用安全玻璃。对容易受到撞击的玻璃幕墙，还应设置明显的警示标志，以免误撞造成危害。

18）当与玻璃幕墙相邻的楼面外缘无实体墙时，应设置防撞设施。

3.1.4　建筑幕墙物理性能要求

幕墙的常规物理性能要求包括：抗风压性能、水密性能、气密性能、平面内变形性能、热工性能、空气声隔声性能、光学性能、耐撞击性能、承重力性能等。

幕墙规范对玻璃幕墙的物理性能规定如下：

1）玻璃幕墙的性能设计应根据建筑物的类别、高度、体型以及建筑物所在地的地理、气候、环境等条件进行。

2）玻璃幕墙的抗风压、气密、水密、保温、隔声等性能分级，应符合现行国家标准《建筑幕墙》（GB/T 21086—2007）的规定。

3）幕墙抗风压性能应满足在风荷载标准值作用下，其变形不超过规定值，并且不发生任何损坏。

4）有采暖、通风、空气调节要求时，玻璃幕墙的气密性能不应低于3级。

5）玻璃幕墙的水密性能可按下列方法设计：

① 受热带风暴和台风袭击的地区，水密性设计取值可按下式计算，且固定部分取值不宜小于1000Pa。

$$P = 1000\mu_Z\mu_S w_0 \tag{3-2}$$

式中　P——水密性设计取值（Pa）；

　　　w_0——基本风压（kN/m²）；

　　　μ_Z——风压高度变化系数；

　　　μ_S——体型系数，可取1.2。

② 其他地区水密性可按式（3-2）计算值的75%进行设计，且固定部分取值不宜低于700Pa。

③ 可开启部分水密性等级宜与固定部分相同。

6）玻璃幕墙平面内变形性能，非抗震设计时，应按主体结构弹性层间位移角限值进行

55

设计；抗震设计时，应按主体结构弹性层间位移角限值的 3 倍进行设计。

7）有保温要求的玻璃幕墙应采用中空玻璃，必要时采用隔热铝合金型材；有隔热要求的玻璃幕墙宜设计适宜的遮阳装置或采用遮阳型玻璃。

8）玻璃幕墙隔声性能设计应根据建筑物的使用功能和环境条件进行。

9）玻璃幕墙应采用反射比不大于 0.30 的幕墙玻璃，对有采光功能要求的玻璃幕墙，其采光折减系数不宜低于 0.20。

10）玻璃幕墙性能检测项目，应包括抗风压性能、气密性能和水密性能，必要时可增加平面内变形性能及其他性能的检测。

11）玻璃幕墙检测应由国家认可的检测机构实施。检测试件的材质、构造、安装施工方法应与实际工程相同。

12）幕墙性能检测中，由于安装缺陷使某项性能未达到规定要求时，允许在改进安装工艺、修补缺陷后重新检测。检测报告中应叙述改进的内容，幕墙工程施工时应按改进后的安装工艺实施。由于设计或材料缺陷导致幕墙性能检测未达到规定值域时，应停止检测，修改设计或更换材料后，重新制作试件，另行检测。

3.1.5 幕墙光学设计

1. 幕墙光学设计的一般规定

1）由玻璃或玻璃与其他材料组成的建筑幕墙作为外围护的建筑立面设计和玻墙比大于 40% 的其他建筑立面设计需考虑光学设计。

2）建筑立面采用玻璃幕墙应考虑幕墙玻璃对周围环境产生的太阳光反射影响，符合环保、规划和城市管理等现行政策法规的规定。

3）设计方案的确定应作光反射环境影响分析和评价。

4）幕墙玻璃的可见光反射率宜不大于 15%，反射光影响范围内无敏感目标时可选择不大于 20%。非玻璃材料宜采用低反射亚光表面。

5）反射光对敏感目标有明显影响时，应采取措施减少或消除其影响。

2. 幕墙建筑光学设计

1）采用玻璃幕墙的建筑立面应选择恰当的玻墙比，并符合建筑设计的相关规定。

2）除大堂、门厅和高度不大于 24m 的裙房外，建筑立面玻墙比宜不大于 40%。

3）居住区或敏感目标较多的地段，建筑立面玻墙比应不大于 40%。商务区和敏感目标较少的地段，玻墙比宜不大于 70%。立面设计应符合幕墙光反射环境评价的相关规定。

4）建筑东立面或西立面朝向住宅、中小学、托儿所、幼儿园、养老院和医院病房等敏感目标时，该立面不宜使用玻璃幕墙。

5）慎用弧形玻璃幕墙，内凹状外立面应防止反射光聚焦对环境造成不利影响。

6）后倾式幕墙立面、大面积玻璃顶棚或屋面，应防止反射光进入敏感目标的窗户。

7）应控制幕墙玻璃的连续面积，宜采用玻璃与其他面板材料构成的组合幕墙。幕墙的非可视部分不宜采用玻璃面板。

8）建筑物外立面的装饰部件和遮阳部件不宜采用玻璃制品。

9）建筑立面玻墙比按下列规定计算：

① 不同朝向的立面，玻墙比应分别计算。

② 没有女儿墙或女儿墙不使用幕墙玻璃的建筑，玻墙比计算范围为主体建筑檐口以下，

不包括裙房、门厅和大堂。

③ 女儿墙使用幕墙玻璃的建筑，玻墙比计算范围为女儿墙顶以下，不包括裙房、门厅和大堂。

④ 裙房应单独计算玻墙比。

3. 减少光反射影响的措施

1）按环境分析与评价的要求优化设计方案。

2）宜选用光学性能较好的低辐射、低反射玻璃。

3）调整外立面玻璃板块的分隔尺度和布置形式，减小连续玻璃板块的面积，优先采用组合幕墙。

4）弧形立面和转角宜采用平板玻璃拼接，不宜采用加工成弧形的玻璃。玻璃板块间宜用遮阳条分隔。

5）加强建筑四周和道路两侧的绿化种植。

6）结合方案设计和反射光影响分析，设置外伸于玻璃面的遮阳窗框、遮阳装饰条、遮阳罩，采用玻璃外表面涂膜、贴膜等措施减少光反射。

4. 幕墙光反射的环境分析

1）玻璃幕墙的环境影响评价应根据玻璃幕墙的高度确定反射光影响分析范围。反射光影响分析范围以幕墙建筑为圆心，以如下距离为半径：建筑物幕墙玻璃高度大于100m时，取该高度的3.5倍；建筑物幕墙玻璃高度小于40m时，取该高度的5倍；建筑物幕墙玻璃高度为40~100m时，用插值法确定。

2）玻璃幕墙反射光计算时段为日出后至日落前，以7~10时和14~17时为反射光影响分析的主要时间段。

3）光反射分析评价内容包括影响视线的反射光角度、敏感目标受反射光照射的亮度和直射光反射对敏感目标影响的持续时间。

4）利用绿化遮挡反射光影响时，应分析绿化实施的可行性并明确绿化适宜的高度。

5）玻璃幕墙影响分析应反映相邻建筑的相互遮挡情况，相邻建筑的遮挡可减少玻璃幕墙的受光面。

6）反射光影响的分析应考虑设置遮阳措施的效果。

7）玻璃幕墙影响分析应包括直射光在相邻建筑玻璃幕墙间产生的二次反射光影响。

8）玻璃顶棚和屋面应作光反射环境影响分析。

9）应分析凹形弧面玻璃幕墙反射光聚焦点的位置，评价其影响。

3.1.6　幕墙热工设计

1. 幕墙热工设计的一般要求

1）建筑幕墙的透明部分和非透明部分应分别满足不同的热工性能指标，并应符合建筑主体的热工设计要求。

2）建筑幕墙的透明部分和非透明部分的热工性能指标应符合《公共建筑节能设计标准》（GB 50189—2005）和《建筑门窗玻璃幕墙热工计算规程》（JGJ/T 151—2008）的相关规定。

① 透明幕墙的传热系数和遮阳系数应符合表3-1的规定。

表 3-1 透明幕墙传热系数和遮阳系数的限值

单一朝向的透明幕墙窗墙面积比	传热系数/[W/(m²·K)]	遮阳系数 SC(东、南、西向/北向)
窗墙面积比≤0.2	≤4.7	—
0.2＜窗墙面积比≤0.3	≤3.5	≤0.55
0.3＜窗墙面积比≤0.4	≤3.0	≤0.50/0.60
0.4＜窗墙面积比≤0.5	≤2.8	≤0.45/0.55
0.5＜窗墙面积比≤0.7	≤2.5	≤0.40/0.50

注：窗的面积包括透明幕墙部分。

② 非透明幕墙的传热系数应不大于 $1.0W/(m^2·K)$。

③ 每个朝向的窗墙面积比均应不大于 0.7。

④ 窗墙面积比小于 0.4 时，玻璃的可见光透射率应不小于 0.4。

3）建筑的东、西朝向不宜采用大面积透明幕墙。

4）日照较长的建筑立面，透明幕墙宜有遮阳措施。

5）双层玻璃幕墙宜采用外通风双层幕墙。

6）透明幕墙的传热系数应根据面板玻璃和幕墙框材的传热系数，按面积加权的方法计算。

7）非透明幕墙的传热系数应按照其构造组成的各材料层热阻相加的方法计算，幕墙面板背后材料层不同时，应按照相应数值的面积加权平均计算。

8）透明幕墙应采用中空玻璃、夹层玻璃、真空玻璃等光学性能和热工性能符合设计要求的面板材料。

9）当建筑底层大堂确需采用单层玻璃时，单层玻璃的面积宜不大于其所在朝向透明幕墙面积的 15%，所在朝向透明幕墙的传热系数应符合热工设计要求。

2. 幕墙热工构造与设计

1）中空玻璃气体层的厚度应符合规范规定。

2）明框幕墙金属型材应采用隔热型材或采取隔热构造措施。采用垫块隔热时，垫块宜为连续条形。隔热材料的性能应符合现行的国家和行业标准。

3）外通风双层幕墙的内层幕墙玻璃应采用中空玻璃。内通风双层幕墙的外层幕墙应采用中空玻璃。板块构造形式经热工计算确定。

4）内通风双层幕墙的外层幕墙应采用有隔热构造措施的型材，外通风双层幕墙的内层幕墙应采用有隔热构造措施的型材。

5）非透明幕墙面板背后的空间内应设置保温构造层。幕墙保温材料与面板或与主体结构外表面之间应有不小于 50mm 的空气层。玻璃面板内侧应有不小于 50mm 的空气层。

3.1.7 幕墙防火设计

1. 幕墙防火设计的一般要求

1）幕墙面板材料和面板背后的填充材料应为不燃或难燃材料，并符合消防规定。

2）无窗槛墙或窗槛墙高度小于 0.8m 的建筑幕墙，应在每层楼板外沿设置耐火极限不低于 1.0h、高度不低于 0.8m 的不燃烧实体裙墙或防火玻璃裙墙。墙内填充材料的燃烧性能应满足消防要求。

3）建筑幕墙与各层楼板、防火分隔、实体墙面洞口边缘的间隙等，应设置防火封堵。封堵构造在耐火时限内不应发生开裂或脱落。

4）消防登高立面不宜采用大面积的玻璃幕墙。当采用时，应在建筑高度100m范围内设置应急击碎玻璃，并符合以下规定：

① 设置应急击碎玻璃每层不少于2块，间距不大于20m。

② 每块应急击碎玻璃的宽度不小于1.20m，高度不小于1.00m，并应设置明显的警示标志。应急击碎玻璃应采用普通玻璃，不得采用夹层玻璃、钢化玻璃、半钢化玻璃。

③ 应急击碎玻璃不宜布置在建筑物直通室外的出入口上方。确需布置时，应设置宽度不小于1.0m的防护挑檐。

5）同一块幕墙玻璃板块不应跨越建筑物上下、左右相邻的防火分区。

2. 幕墙防火构造与设计

1）防火玻璃裙墙或防火玻璃墙，由防火玻璃与防火密封胶构成，或由防火玻璃、防火密封胶与支承构件共同组成，应按照墙体构件耐火极限的测试方法测试，达到相应的耐火极限等级规定。

2）建筑幕墙的防火封堵应采用厚度不小于100mm的岩棉、矿棉等耐高温、不燃烧的材料填充密实，并由厚度不小于1.5mm厚的镀锌钢板承托，其缝隙应以防火密封胶密封。竖向应双面封堵。

3）楼层间防火封堵的位置宜位于梁底，并与幕墙的横梁或立柱相连接。严禁直接用胶料粘接在幕墙玻璃内侧面。

4）金属幕墙采用铝塑复合板时，应满足消防要求。构造设计要求在每层楼板外沿部位和防火分区纵向分隔部位设置不小于0.8m的隔离带，隔离带外墙面板为不燃烧材料。

5）紧靠建筑物内防火分隔墙两侧的玻璃幕墙之间应设置水平距离不小于2.0m、耐火极限不低于1.0h的实体墙或防火玻璃墙。

6）建筑物内的防火墙设置在转角处时，内转角两侧的玻璃幕墙之间应设置水平距离不小于4.0m、耐火极限不低于1.0h的实体墙或防火玻璃墙。

7）消防排烟用的幕墙开启窗与相邻防火分区隔墙的距离应不小于1.0m，宜采用外倒下悬窗，开启角度不宜小于70°，并与消防报警系统联动。高层建筑采用外倒下悬窗时，应在构造上有可靠的窗扇防脱落措施。

8）泄爆窗在安装前应经压力测试。泄爆窗被气浪冲开后，幕墙结构应能保持完整性。

3. 双层幕墙的防火设计

1）双层幕墙设计应符合一般要求。

2）整体式双层幕墙建筑高度应不大于50m，内外层幕墙间距不小于2.0m。每层应设置不燃烧体防火挑檐，宽度不小于0.5m，耐火极限不低于1.0h。当内外层幕墙间距小于2.0m或每层未设置防火挑檐时，其建筑高度应不大于24m。

3）整体式双层幕墙的内层幕墙应符合规范规定。

4）除整体式双层幕墙外，双层幕墙宜在每层设置耐火极限不低于1.0h的不燃烧体水平分隔。确需每隔2～3层设置不燃烧体水平分隔时，应在无水平防火分隔的楼层设置宽度不小于0.5m、耐火极限不低于1.0h的不燃烧体防火挑檐。

5）竖井式双层幕墙的竖井壁应为不燃烧体，其耐火极限应不低于1.0h，竖井壁上每层开口部位应设丙级及以上防火门或防火阀（可开启百叶窗），并与自动报警系统联动。

6）消防登高场地不宜设置在双层幕墙立面的一侧。确需设置时，在建筑高度100m范围内，外层幕墙应设置应急击碎玻璃，应急击碎玻璃的设置应符合规范规定，并满足以下要求：

① 整体式、廊道式双层幕墙应在每层设置应急击碎玻璃，且不少于2块，间距不大于20m。

② 箱体式、竖井式双层幕墙应在每个分隔单元的每层设置应急击碎玻璃，且不少于1块。

③ 在应急击碎玻璃位置设置连廊，内层幕墙设置可双向开启的门。

7）双层幕墙建筑应设置机械排烟系统，并符合《建筑防排烟技术规程》的相关规定。下列部位可不设排烟系统：

① 建筑部位为无可燃物的独立防烟分区的中庭、大堂。

② 建筑面积小于100m²的房间，其相邻走道或回廊设有排烟设施。

③ 机电设备用房。

8）内外层幕墙间距大于2.0m的整体式双层幕墙建筑，应设置自动喷水灭火系统。内外层幕墙间距大于2.0m的整体式双层幕墙，应由顶部和两侧的敞开部位自然排烟。

9）用作双层幕墙强制通风的管道系统应符合现行防火设计规范的相关规定。

10）进风口与出风口之间的水平距离宜大于0.5m，水平距离小于0.5m时，应采取隔离措施。

3.1.8 幕墙防雷设计

1. 幕墙防雷的一般规定

1）幕墙建筑应按建筑物的防雷分类采取防直击雷、侧击雷、雷电感应以及等电位连接措施。建筑主体设计应明确主体建筑的防雷分类。幕墙建筑的防雷系统设计由幕墙设计与主体设计共同完成。

2）除第一类防雷建筑物外，采用金属框架支承的幕墙宜利用其金属本体作为接闪器，并应与主体结构的防雷体系可靠连接。

3）采用隐框非金属面板的幕墙或隐框玻璃采光顶、棚，以及置于屋顶的光伏组件等，均应按相应的建筑物防雷分类采取防护措施。

4）幕墙的防雷设计应符合《建筑物防雷设计规范》（GB 50057—2010）和《民用建筑电气设计规范》（JGJ 16—2008）的有关规定。

5）幕墙高度超过200m或幕墙构造复杂、有特殊要求时，宜在设计初期进行雷击风险评估。

6）建筑幕墙在工程竣工验收前应通过防雷验收，交付使用后按有关规定进行防雷检测。

2. 幕墙的防雷构造设计

1）幕墙建筑应按防雷分类设置屋面接闪器、立面接闪带、等电位连接环和防雷接地引下线（图3-4），并满足表3-2的要求。幕墙金属框架可按100m²划分网格，网格角点与防雷系统连接，形成电气贯通。

表 3-2　幕墙建筑防雷系统常见节点间距

建筑物 防雷分类	屋面接闪器 网格尺寸（≤）	立面30m及以上水平 接闪带垂直间距（≤）	等电位连接环 垂直间距 D_h（≤）	接地线水平间距 D_w （≤）	
第一类	5×5 6×4	6	12	12	建筑每柱或 角柱与每隔1柱
第二类	10×10 12×8	—	3层	18	角柱与每隔1柱
第三类	20×20 24×16	—	3层	25	角柱与每隔2柱

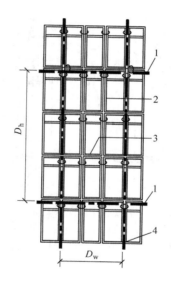

图 3-4　幕墙建筑防雷系统立面局部示意图

1—环向防雷接地钢筋（等电位连接环）　2—立柱　3—横梁　4—竖向防雷接地钢筋（防雷接地引下线）

2）构件式幕墙防雷构造

① 隔热断桥内外侧的金属型材应连接成电气通路。

② 幕墙横、竖构件的连接，相互间的接触面积应不小于 $50mm^2$，形成良好的电气贯通。

③ 幕墙立柱套芯上下、幕墙与建筑物主体结构之间，应按导体连接材料截面的规定连接或跨接。

④ 构件连接处有绝缘层材料覆盖的部位，应采取措施形成有效的防雷电气通路。

⑤ 金属幕墙的外露金属面板或金属部件应与支承结构有良好的电气贯通，支承结构应与主体结构防雷体系连通。

⑥ 利用自身金属材料作为防雷接闪器的幕墙，其压顶板宜选用厚度不小于 3mm 的铝合

金单板，截面积应不小于 $70mm^2$。

3）单元式幕墙防雷构造

① 有隔热构造的幕墙型材应对其内外侧金属材料采用金属导体连接，每一单元板块的连接不少于一处，宜采用等电位金属材料连接成良好的电气通路。

② 幕墙单元板块插口拼装连接和与主体结构连接处应形成防雷电气通路。对幕墙横、竖两方向单元板块之间橡胶接缝连接处，应采用等电位金属材料跨接，形成良好的电气通路。

4）幕墙光伏系统的连接、安装规定（图3-5）

① 应采取防直击雷和侧击雷的措施。

② 幕墙光伏系统宜采用共用接地方式。

③ 光伏控制器的信号设备端口应安装信号电涌保护器。

④ 并网逆变器的电源端口应安装电源电涌保护器。

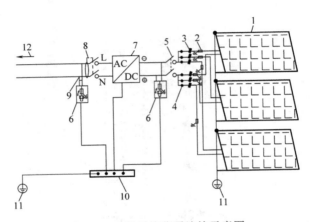

图 3-5　光伏系统防雷连接示意图

1—光伏组件　2—信号避雷器　3—光伏控制器　4—汇流端子　5—直流断路器　6—电源避雷器
7—逆变器　8—断路器　9—熔断器　10—等电位接地排　11—接地端　12—用电设备

3. 其他防雷要求

1）幕墙选用的防雷连接材料截面积应符合表3-3的规定。

2）钢质连接件（包括钢质绞线）连接的焊缝处应做表面防腐蚀处理。

3）不同材质金属之间的连接，应采取不影响电气通路的防电偶腐蚀措施。不等电位金属之间应防止接触性腐蚀。

4）幕墙建筑防雷接地电阻值应符合表3-4的规定。

表 3-3　防雷连接材料截面积　　　　　　　　　　　　　　　　（单位：mm^2）

防雷连接材料	截面积（≥）
铜质材料	16
铝质材料	25
钢质材料	50
不锈钢材料	50

表 3-4　防雷接地电阻值 　　　　　　　　　　　　　　（单位：Ω）

接地方式	电阻值（≤）
共用接地	1.0
独立接地每根引下线的冲击电阻	10.0

3.1.9　建筑幕墙设计文件深度要求

1. 建筑设计文件中有关幕墙设计的深度

1）建筑方案设计文件应包含以下内容：

① 建筑幕墙的平、立面图及幕墙类型。

② 建筑幕墙的面板材料及板块分格设计。

③ 建筑幕墙与周边环境的协调性。

2）建筑初步设计文件应包含以下内容：

① 建筑幕墙的热工指标及保温隔热等节能措施。

② 建筑幕墙的抗风压、气密性、水密性、隔声性等技术指标。

③ 建筑幕墙的立面布局、面板构造、分格尺寸及型材种类。

④ 幕墙玻璃的技术参数。

⑤ 减少幕墙玻璃光反射影响的措施。

⑥ 建筑幕墙的安全、防火、防雷设计要求。

⑦ 建筑幕墙的清洗方式及清洗、维护设施布置。

3）建筑施工图设计文件的内容：建筑施工图设计总说明中，应编制建筑幕墙设计专项说明，阐明幕墙所在立面部位、类别与构造形式，面板材质与分格设计，构造层次及热工性能，开启部位的尺寸与开启方式，型材种类，埋件要求，幕墙各项性能等级，清洗维护以及维修更换要求等。编制幕墙招标文件前，建筑设计单位提供建筑幕墙设计技术要点，应包含以下内容：

① 概述幕墙工程总面积、幕墙分项面积、幕墙起始高度及最高高度。

② 幕墙构造类型、面材选择、立面分格尺寸及组合形式（包括雨篷部位、墙面预留洞部位）。

③ 幕墙设计的基本参数。

④ 幕墙主要技术物理性能等级或指标。

⑤ 建筑幕墙开启窗的规格尺寸、开启方向与开启形式。

⑥ 典型立面及立面设计中特殊部位的局部放大图。

⑦ 幕墙的热工指标、面板的光学性能指标及防火要求。

⑧ 主体结构的防雷等级与设计，防雷系统中可供幕墙设置防雷接地埋件及防雷接地连接的部位。

⑨ 清洗维护技术及其安全要求。

⑩ 幕墙埋件的种类及材质。

2. 幕墙设计文件的深度

1）工程概况

① 工程名称、工程地点。

② 工程性质等级、工程范围。

③ 幕墙高度（起始标高、最高标高）、幕墙种类及组成、幕墙总面积及各分项面积、开启方式及开启面积、建筑标识性部位幕墙设计的特殊规定。

2）设计依据

① 现行的国家、行业等标准中与幕墙工程相关的规范、规程。

② 有关部门的批复意见书。

③ 建筑所在地的基本风压值、雪荷载值、地震设防烈度、地面粗糙度。

④ 建筑幕墙抗风压性能、水密性能、气密性能、平面内变形性能、空气隔声性能、耐撞击性能等各项技术物理性能指标。

⑤ 热工性能指标值：透明幕墙的传热系数、遮阳系数；非透明幕墙的传热系数。

⑥ 幕墙玻璃的可见光透射率、反射率等主要光学性能指标值。

3）幕墙组成分述

① 建筑物各立面的幕墙组成、面板种类及玻墙比。

② 各类幕墙的构造形式。

③ 可开启部位的启闭形式、连接构造。

4）材料选用

① 幕墙支承结构的型材种类、规格、壁厚及其相关技术指标。

② 面板的规格、板块构成。

③ 透明面板的可见光透射率、可见光反射率、传热系数、遮阳系数等；非透明面板的构造组成、传热系数及表面处理技术要求。

④ 五金件及各类附件的规格及品种、颜色及表面处理。

⑤ 标准件的材质及机械性能。

⑥ 胶料的种类和颜色。

⑦ 防火及保温材料的材质、规格、燃烧性能等级。

5）制作及安装技术

① 加工精度和安装精度。

② 加工、制作、组装的技术要求。

6）选择幕墙典型部位，编制性能模拟检测专项文件。

3. 幕墙施工图的主要内容

1）幕墙立面图：标注轴线、层高、标高、幕墙高度和宽度、幕墙单元分格尺寸、节点和局部放大范围的索引及编序、图例及本图设计说明等。

2）幕墙平面图：主体结构及幕墙平面布置、轴线号、幕墙单元宽度尺寸以及与主体结构间的距离。

3）幕墙剖面图：剖面图应含幕墙与主体结构的剖切构造，标注轴线号、楼层标高、幕墙高度及板块高度尺寸、室内吊顶标高及开启窗执手离地高度、遮阳装置预留尺寸等。

4）局部放大图：局部立面图、平面投影图及其剖面图。应标明其所在立面的索引序号、节点索引编序号、轴线、所在部位标高及相关尺寸等。

5）构造详图：竖框节点构造图（横剖面图）应含各典型部位和特殊部位的面板、系统的节点构造及竖框与主体结构的连接构造等。横框节点构造图（纵剖面图）应含系统构造及竖框上下端与主体结构的连接构造、各典型部位和特殊部位面板四周收边方式等。

构造详图应标注各部件的材料名称、材质及规格（或代号）、外型尺寸及相对位置、与轴线的位置关系、幕墙距离主体结构的尺寸等。特定部位的节点应标注所在标高。

6）防火构造节点、防雷构造节点、保温层构造设计、防排水构造设计、与相邻墙体及洞口边沿间的构造设计、变形缝构造设计等。

7）补充设计图纸：复杂部位宜以三维图补充表达构造细部。

8）埋件详图及布置图。

9）结构计算书。

10）热工计算书。

幕墙工程应编制性能模拟测试专项设计方案，模型设计图应与施工图构造一致。

3.2　幕墙结构设计

3.2.1　建筑结构基本知识

1. 建筑结构的概念

建筑结构是指在建筑物（包括构筑物）中，由建筑材料做成用来承受各种荷载或者作用，以起骨架作用的空间受力体系。建筑结构因其所用的建筑材料不同，可分为混凝土结构、砌体结构、钢结构、轻型钢结构、木结构和组合结构等。

2. 建筑结构功能

建筑结构在规定的时间（设计使用年限）、规定的条件（正常设计、施工、使用、维修）下必须保证完成预定的功能，这些功能包括：

（1）安全性　建筑结构在正常施工和正常使用时，能承受可能出现的各种作用（如荷载、温度变化、正常维修），并且在设计规定的偶然事件（如地震、爆炸）发生时及发生后，仍能保持必需的整体稳定性。

（2）适用性　建筑结构在正常使用过程中，应保持良好的工作性能。例如结构构件应有足够的刚度，以免产生过大的振动和变形，使人产生不适的感觉。

（3）耐久性　建筑结构在正常维修条件下应能在规定的设计使用年限满足安全、适用性的要求。

3. 承载能力极限状态

当结构或结构构件达到最大承载能力，或产生了不适于继续承载的变形时，即认为超过了承载能力极限状态。例如：

1）整个结构或结构的一部分作为刚体失去平衡，例如烟囱在风荷载作用下整体倾翻。

2）结构构件或连接因超过材料强度而破坏（包括疲劳破坏），例如轴心受压短柱中的混凝土和钢筋分别达到抗压强度而破坏，或因过度变形而不适于继续承载。

3）结构转变为机动体系，例如简支梁跨中截面达到抗弯承载力形成三铰共线的机动体系，从而丧失承载能力。

4）结构或结构构件丧失稳定，例如细长柱达到临界荷载后因压曲失稳而破坏。

5）地基丧失承载能力而破坏（如失稳等）。

事实上，承载能力极限状态就是结构或结构构件发挥最大承载能力的状态。

4. 正常使用极限状态

正常使用极限状态对应于结构或结构构件达到正常使用或耐久性能的某项规定限值的状态。当出现下列状态之一时，即认为超过了正常使用极限状态：

1）影响正常使用或外观的变形，如梁的挠度过大影响正常使用。

2）影响正常使用或耐久性能的局部损坏（包括裂缝）。

3）影响正常使用的振动，如楼板的振幅过大影响正常使用。

4）影响正常使用的其他特定状态，如基础产生过大不均匀沉降。

在建筑结构设计时，除了考虑结构功能的极限状态之外，还须根据结构在施工和使用中的环境条件和影响，区分下列三种设计状况：

1）持久状况，即在结构使用过程中一定出现，其持续期很长的状况，例如房屋结构承受家具和正常人员荷载的状况。持续期一般与设计使用年限为同一数量级。

2）短暂状况，即在结构施工和使用过程中出现概率较大，而与设计使用年限相比持续期很短的状况，如结构施工和维修时承受堆料荷载的状况。

3）偶然状况，即在结构使用过程中出现概率很小，且持续期很短的状况，如结构遭受火灾、爆炸、撞击、罕遇地震等作用。

这三种设计状况分别对应不同的极限状态设计。对于持久状况、短暂状况和偶然状况，都必须进行承载能力极限状态设计；对于持久状况，尚应进行正常使用极限状态设计；而对于短暂状况，可根据需要进行正常使用极限状态设计。

3.2.2 结构上的作用

结构产生各种效应的原因统称为结构上的作用。结构上的作用包括直接作用和间接作用。直接作用指的是施加在结构上的集中力或分布力，例如结构自重、楼面活荷载和设备自重等。直接作用的计算一般比较简单，引起的效应比较直观。间接作用指的是引起结构外加变形或约束变形的作用，例如温度的变化、混凝土的收缩或徐变、地基的变形、焊接变形和地震等，这类作用不是以直接施加在结构上的形式出现的，但同样使结构产生效应。

过去习惯上将上述两类不同性质的作用统称为荷载。例如将温度变化称为温度荷载，将地震作用称为地震荷载等，这样就混淆了两类不同性质的作用，特别是对间接作用的复杂性认识不足。根据目前结构理论发展水平以及现有规范的现状，对直接作用在结构上的荷载可按《建筑结构荷载规范》（GB 50009—2012）（以下简称《荷载规范》）的规定采用，对间接作用，除了对地震作用按《建筑抗震设计规范》（GB 50011—2010）（以下简称《抗震规范》）的规定采用外，其余的间接作用暂时还未制定相应的规范。考虑到广大设计人员的现状及习惯上的衔接，目前还未将两类作用严格划分，而将其简称为荷载。

作用在结构上的直接作用或间接作用，将使结构或结构构件产生内力（如轴力、弯矩、剪力、扭矩等）和变形（如挠度、转角、侧移、裂缝等），这些内力和变形总称为作用效应，其中由直接作用产生的作用效应称为荷载效应。

1. 荷载的分类

（1）按随时间变异分类

1）永久荷载（亦称恒载）。在设计基准期内，其量值不随时间变化，或即使有变化，其变化值与平均值相比可以忽略不计的荷载。如结构的自重、土压力、预应力等。

2）可变荷载（亦称活载）。在设计基准期内，其量值随时间变化，且其变化值与平均值相比不能忽略的荷载。如楼（屋）面活荷载、屋面积灰荷载、雪荷载、风荷载、吊车荷载等。

3）偶然荷载。在设计基准期内，可能出现，也可能不出现，但一旦出现，其量值很大且持续时间很短的荷载。如地震、爆炸力、撞击力等。

（2）按随空间位置的变异分类

1）固定荷载。在结构空间位置上具有固定分布的荷载。如结构自重、楼面上的固定设备荷载等。

2）自由荷载。在结构上的一定范围内可以任意分布的荷载。如民用建筑楼面上的活荷载、工业建筑中的吊车荷载等。

（3）按结构的动力反应分类

1）静态荷载。对结构或结构构件不产生加速度或产生的加速度很小可以忽略不计。如结构的自重、楼面的活荷载等。

2）动态荷载。对结构或构件产生不可忽略的加速度。如吊车荷载、地震作用、作用在高层建筑上的风荷载等。

2. 荷载的代表值

（1）荷载标准值　荷载标准值是指在结构的设计基准期内，在正常情况下可能出现的最大荷载值。

对于永久荷载的标准值，是按结构构件的尺寸（如梁、柱的断面）与构件采用材料的重度的标准值来确定的数值。常用材料重度可按《荷载规范》附录 A 的规定采用。

对于可变荷载的标准值，则由设计基准期内最大荷载概率分布的某一分位数来确定，一般取具有 95% 保证率的上分位值，但对许多还缺少研究的可变荷载，通常还是沿用传统的经验数值。可变荷载的标准值可按《荷载规范》的规定采用。

（2）荷载组合值　当结构上作用两种或两种以上的可变荷载时，考虑到其同时达到最大值的可能性较少，因此，在按承载能力极限状态设计或按正常使用极限状态的短期效应组合设计时，应采用荷载的组合值作为可变荷载的代表值。可变荷载的组合值，为可变荷载乘以荷载组合值系数。荷载组合值系数见《荷载规范》。

（3）荷载频遇值　对可变荷载，在设计基准期内，其超越的总时间为规定的较小比率或超越频率为规定频率的荷载值。可变荷载频遇值应取可变荷载标准值乘以荷载频遇值系数。荷载频遇值系数见《荷载规范》。

（4）荷载准永久值　作用在建筑物上的可变荷载（如住宅楼面上的均布活荷载为 2.0kN/㎡），其中有一部分是长期作用在上面的（可以理解为在设计基准期 50 年内，不少于 25 年），而另一部分则是不出现的。因此，可以把长期作用在结构物上面的那一部分可变荷载看作是永久活荷载来对待。可变荷载的准永久值，为可变荷载标准值乘以荷载准永久值系数 φ_q（也就是说，准永久值系数 φ_q 为荷载准永久值与荷载标准值的比值，其值恒小于 1.0）。

3. 荷载分项系数

荷载分项系数是在设计计算中，反映荷载的不确定性并与结构可靠度概念相关联的一个数值。对永久荷载和可变荷载，规定了不同的分项系数。

1）永久荷载分项系数 γ_G：当永久荷载对结构产生的效应对结构不利时，对由可变荷载

效应控制的组合取 $\gamma_G = 1.2$；对由永久荷载效应控制的组合取 $\gamma_G = 1.35$。当产生的效应对结构有利时，一般情况下取 $\gamma_G = 1.0$；对倾覆、滑移或漂浮验算，应满足相关规定；对其余某些特殊情况，应按有关规范采用。

2）可变荷载分项系数 γ_Q：一般情况下取 $\gamma_Q = 1.4$；但对工业房屋的楼面结构，当其活荷载标准值 $> 4kN/m^2$ 时，考虑到活荷载数值已较大，则取 $\gamma_Q = 1.3$。

4. 幕墙结构的荷载和地震作用

幕墙结构主要承受竖向荷载和水平荷载。竖向荷载包括自重和部分活荷载，水平荷载包括风荷载和地震荷载。

与普通建筑结构有所不同，幕墙结构的特点如下：

1）竖向荷载分层传递，效应远小于普通结构。

2）水平荷载的影响显著增加，成为其设计的主要因素。

3）对高层建筑结构尚应考虑竖向地震的作用。

3.2.3 幕墙结构设计基本要求

1. 一般规定

1）幕墙结构设计应考虑永久荷载、风荷载和地震作用，必要时还应考虑温度作用。复杂幕墙体系尚应对施工阶段作补充验算复核。与水平面夹角小于75°的建筑幕墙还应考虑雪荷载、活荷载或积灰荷载。幕墙结构设计的基准期为50年。

2）幕墙结构设计应根据传力途径对幕墙面板系统、支承结构、连接件与锚固件等进行计算或复核，以确保幕墙的安全适用性。幕墙面板与其支承结构、幕墙结构与主体结构之间均应具有足够的相对位移能力。

3）幕墙结构采用以概率理论为基础的极限状态设计方法，用分项系数描述的设计表达式计算。应按下列承载能力极限状态和正常使用极限状态进行幕墙结构的设计：

① 承载能力极限状态

无地震作用组合时：

$$\gamma_0 S \leqslant R \tag{3-3}$$

有地震作用组合时：

$$S_E \leqslant R / \gamma_{RE} \tag{3-4}$$

式中　S——无地震作用的荷载效应组合设计值；

　　　S_E——有地震作用的荷载效应组合设计值；

　　　R——结构构件抗力设计值；

　　　γ_0——结构构件重要性系数，应取不小于1.0；

　　　γ_{RE}——结构构件承载力抗震调整系数，应取1.0。

② 正常使用极限状态

$$d_f \leqslant d_{f,lim} \tag{3-5}$$

式中　d_f——结构构件的挠度值；

　　　$d_{f,lim}$——结构构件挠度限值。

4）幕墙结构设计应涵盖最不利构件和节点在最不利工况条件下极限状态的验算。对建筑物转角部位、平面或立面突变部位的构件和连接应作专项验算。

2. 荷载和地震作用

1）幕墙结构及其与主体结构的连接，风荷载标准值应按下式计算：

$$w_k = \beta_{gz} \times \mu_s \times \mu_z \times w_0 \qquad (3\text{-}6)$$

式中　w_k——风荷载标准值（kN/m²）；

　　　β_{gz}——阵风系数，按《建筑结构荷载规范》的规定采用；

　　　μ_s——风荷载体型系数，按《建筑结构荷载规范》中对围护结构的规定采用（计算幕墙面板时，不考虑局部风荷载体型系数折减）。对于体型或风荷载环境复杂的幕墙结构，宜采用风洞试验或数值风洞方法予以确定；

　　　μ_z——风压高度变化系数，按《建筑结构荷载规范》的规定采用；

　　　w_0——基本风压（kN/m²），按《建筑结构荷载规范》的规定采用，特别重要的幕墙工程应专项确定。

2）建筑高度较高、体型不规则或风环境复杂的幕墙结构，难以确定风荷载标准值时，用风洞试验或数值风洞方法确定。幕墙高度大于200m时应进行风洞试验。幕墙高度大于300m时应由两个非关联单位各自提供独立的风洞试验结果相互验证。对用风洞试验或数值风洞方法所得结果应分析、比较和判断。

3）除索网幕墙外，幕墙结构的地震作用标准值可按以下方法计算：

① 垂直于幕墙平面的分布水平地震作用标准值可按下式计算：

$$q_{Ek} = \beta_E \times \alpha_{max} \times G_K/A \qquad (3\text{-}7)$$

式中　q_{Ek}——垂直于幕墙平面的分布水平地震作用标准值（kN/m²）；

　　　β_E——动力放大系数，可取5.0；

　　　α_{max}——水平地震影响系数最大值，可按表3-5采用；

　　　G_K——幕墙面板和框架的重力荷载标准值（kN）；

　　　A——幕墙平面面积（m²）。

表3-5　水平地震影响系数最大值 α_{max}

抗震设防烈度	6 度	7 度		8 度	
基本地震加速度	0.05g	0.10g	0.15g	0.20g	0.30g
α_{max}	0.04	0.08	0.12	0.16	0.24

② 平行于幕墙平面的集中水平地震作用标准值可按下式计算：

$$p_{Ek} = \beta_E \times \alpha_{max} \times G_K \qquad (3\text{-}8)$$

式中　p_{Ek}—— 平行于幕墙平面的集中水平地震作用标准值（kN）。

3. 作用效应计算

1）幕墙结构可按弹性方法计算，计算模型应与构件连接的实际情况相符合，计算假定应与结构的实际工作性能相符合。

2）规则构件可按解析或近似公式计算作用效应。具有复杂边界或荷载的构件，可采用有限元方法计算作用效应。

3）对于经历大位移的幕墙结构，作用效应计算时应考虑几何非线性影响。对于桁架支承结构及其他大跨度钢结构，尚应考虑结构和构件的稳定性。

69

4. 作用效应组合

1）考虑几何非线性影响计算幕墙结构时，应首先进行荷载与作用的组合，然后计算组合荷载与作用的效应。采用线弹性方法计算幕墙结构时，可先计算各荷载与作用的效应，然后再进行荷载与作用效应的组合。

2）计算幕墙构件承载力极限状态时，其作用或效应的组合应符合下列规定：

① 无地震作用时，按下式进行：

$$S = \gamma_G S_{GK} + \psi_w \gamma_w S_{wk} \tag{3-9}$$

② 有地震作用时，按下式进行：

$$S = \gamma_G S_{GK} + \psi_w \gamma_w S_{wk} + \psi_E \gamma_E S_{Ek} \tag{3-10}$$

式中 S——作用或效应组合的设计值；

S_{GK}——永久荷载（效应）标准值；

S_{wk}——风荷载（效应）标准值；

S_{Ek}——地震作用（效应）标准值；

γ_G——永久荷载分项系数；

γ_w——风荷载分项系数；

γ_E——地震作用分项系数；

ψ_w——风荷载的组合值系数；

ψ_E——地震作用的组合值系数，一般情况下取为 0.5。

③ 温度作为可变作用，按幕墙类型和施工工况确定其组合。

3）进行幕墙构件的承载力设计时，作用（效应）分项系数按下列规定取值：

① 一般情况下，永久荷载、风荷载和地震作用的分项系数 γ_G、γ_w、γ_E 应分别取 1.2、1.4 和 1.3，温度作用的分项系数取 1.2。

② 永久荷载（效应）起控制作用时，分项系数 γ_G 应取 1.35。此时，参与组合的可变荷载（效应）仅限于竖向荷载（效应）。

③ 永久荷载（效应）对构件有利时，分项系数 γ_G 的取值应不大于 1.0。

4）可变作用的组合值系数按下列规定采用：

① 一般情况下，风荷载的组合值系数 ψ_w 应取 1.0，地震作用的组合值系数 ψ_E 应取 0.5。

② 水平倒挂面板及其框架，可不考虑地震作用效应的组合，风荷载的组合值系数 ψ_w 应取 1.0（永久荷载的效应不起控制作用时）或 0.6（永久荷载的效应起控制作用时）。

③ 温度作用的组合系数可按其在组合项中的主次取 0.6 或 0.2。

5）与水平面夹角大于 75°，沿表面均匀支承于主体结构上的幕墙结构，挠度验算时风荷载分项系数 γ_w 和永久荷载系数 γ_G 均应取 1.0，且可不考虑作用效应组合。

5. 幕墙及与主体结构的连接构造

1）主体结构应能有效承受幕墙结构传递的荷载和作用，但主体结构的变形不应直接作用于幕墙结构从而使幕墙结构产生较大的应力。

2）幕墙结构的连接节点应有可靠的防松、防脱和防滑措施。

3）幕墙结构连接节点处的连接件、焊缝、螺钉、螺栓、铆钉设计，应符合《钢结构设计规范》（GB 50017—2003）和《铝合金结构设计规范》（GB 50429—2007）的相关规定。每个连接件的每一连接处，受力螺钉、螺栓、铆钉宜不少于 2 个，主要连接节点处应不少于 2 个。

4）幕墙结构连接件与主体结构的锚固承载力设计值应大于连接件本身的承载力设计值。与主体结构或埋板直接连接的连接件厚度应不小于 6mm。

5）幕墙结构与主体混凝土结构应通过预埋件连接，预埋件应在主体结构混凝土施工时埋入，预埋件的位置应准确。

6）由锚板和对称配置的锚固钢筋所组成的受力预埋件，应按《玻璃幕墙工程技术规范》（JGJ 102—2003）或《混凝土结构设计规范》（GB 50010—2010）的规定设计。后置埋件应按《混凝土结构加固设计规范》（GB 50367—2013）或《混凝土结构后锚固技术规程》（JGJ 145—2013）的规定设计。

7）槽型预埋件的设计与构造符合规范要求。

8）幕墙结构与主体结构采用后置埋件连接时，应根据其受力情况，合理布置锚栓埋件，保证其连接可靠，并符合下列规定：

① 后置埋件用锚栓可选用自扩底锚栓、模扩底锚栓、特殊倒锥形锚栓或化学锚栓。锚栓钢材受拉性能须进行复验，复验结果应符合《混凝土结构加固设计规范》（GB 50367—2013）的规定。

② 锚栓外露部分应做防腐蚀处理。

③ 锚栓直径和数量应经计算确定。锚栓直径不小于 10mm，每个后置埋件上不得少于 2 个锚栓。

④ 锚栓承载力设计值应不大于其极限承载力的 50%，并进行承载力现场试验，必要时进行极限拉拔试验。

⑤ 就位后需焊接作业的后置埋件应使用机械扩底锚栓，或化学锚栓与机械锚栓交叉布置。化学锚栓超过半数的后置埋件，就位后不得在其部件及连接件上焊接作业。

9）幕墙结构与砌体结构连接时，宜在连接部分的主体结构上增设钢筋混凝土或钢结构梁、柱。轻质填充墙不应作为幕墙的支承结构。

10）幕墙与主体钢结构连接应在主体钢结构加工时提出设计要求。现场不宜再在钢结构柱、主梁上焊接其他转接件。

11）建筑主体结构变形缝部位的幕墙构造，应能满足幕墙变形的要求。

12）幕墙构件和连接的计算分析应有明确的计算模型。应力计算必须考虑面板重力偏心和其他连接偏心产生的附加影响。

13）幕墙面板或型材的盖板、压条、扣件和装饰件应有可靠的连接。形状复杂、受力大且建筑较高时应采用机械连接。

6. 硅酮结构密封胶

1）硅酮结构密封胶的粘接宽度和粘接厚度应经计算确定，且粘接宽度应不小于 7mm，粘接厚度应不小于 6mm。硅酮结构密封胶的粘接宽度宜大于厚度，但不宜大于厚度的 2 倍。隐框玻璃幕墙的硅酮结构密封胶粘接厚度应不大于 12mm。

2）硅酮结构密封胶应根据不同的受力情况进行承载力极限状态验算。在风荷载、水平地震作用下，硅酮结构密封胶的应力设计值应不大于其短期荷载作用下的强度设计值 f_1，f_1 应取 $0.2\mathrm{N/mm^2}$；在永久荷载作用下，硅酮结构密封胶的应力设计值应不大于其长期载荷作用下的强度设计值 f_2，f_2 应取 $0.01\mathrm{N/mm^2}$。隐框幕墙中严禁硅酮结构密封胶单独承受剪力。

3）隐框、半隐框玻璃幕墙中，玻璃和铝框之间硅酮结构密封胶的粘接宽度，应根据受力情况分别计算。

建筑幕墙的建筑设计是由建筑设计单位和幕墙设计单位共同完成的。建筑幕墙立面的分格宜与室内空间组合相适应，不宜妨碍室内功能和视线。幕墙中的建筑板块应便于更换。建筑幕墙应便于维护和清洁。

建筑幕墙设计文件的编制必须执行现行国家、行业和地方颁布的法令、标准、规范、规程，遵守设计工作程序。

幕墙的常规物理性能要求包括：抗风压性能、水密性能、气密性能、平面内变形性能、热工性能、空气声隔声性能、光学性能、耐撞击性能、承重力性能等。

建筑幕墙的透明部分和非透明部分应分别满足不同的热工性能指标，并应符合建筑主体的热工设计要求。

建筑幕墙的防火封堵应采用厚度不小于100mm的岩棉、矿棉等耐高温、不燃烧的材料填充密实，并由厚度不小于1.5mm的镀锌钢板承托，其缝隙应以防火密封胶密封。竖向应双面封堵。

幕墙建筑应按建筑物的防雷分类采取防直击雷、侧击雷、雷电感应以及等电位连接措施。幕墙建筑的防雷系统设计由幕墙设计与主体设计共同完成。

建筑结构是指在建筑物（包括构筑物）中，由建筑材料做成用来承受各种荷载或者作用，以起骨架作用的空间受力体系。

幕墙结构设计应根据传力途径对幕墙面板系统、支承结构、连接件与锚固件等进行计算或复核，以确保幕墙的安全适用性。幕墙面板与其支承结构、幕墙结构与主体结构之间均应具有足够的相对位移能力。

思 考 题

1. 建筑幕墙设计的基本原则有哪些？
2. 建筑幕墙设计的基本要求有哪些？
3. 哪些幕墙建筑宜进行幕墙抗爆设计？
4. 建筑幕墙设计的安全措施有哪些？
5. 幕墙分格原则有哪些？
6. 幕墙的常规物理性能要求有哪些？
7. 幕墙减少光反射影响的措施是什么？
8. 幕墙防火设计的一般要求是什么？
9. 什么是建筑结构？建筑结构的功能有哪些？
10. 什么是结构上的作用？荷载的分类有哪些？
11. 幕墙结构设计基本要求有哪些？
12. 幕墙硅酮结构密封胶有哪些要求？

项 目 实 训

1. 实训目的

为了让学生了解幕墙建筑设计的基本程序和特点，掌握幕墙建筑设计的基本要求，通过建筑设计综合实践，全面增强理论知识和实践能力，尽快掌握幕墙建筑设计的程序和要求，熟悉幕墙分格设计的技巧，为今后的学习打下良好的基础。

2. 实训内容

学生根据建筑施工图，进行幕墙分格设计，并根据区域特征进行幕墙物理性能分析。

3. 实训要点

1）学生必须高度重视，服从安排，听从指导，严格遵守实训基地的各项规章制度和纪律要求。

2）学生在实训期间应认真、勤勉、好学、上进，积极主动完成幕墙设计。

4. 实训过程

1）实训准备

① 做好实训前相关资料查阅，熟悉幕墙建筑设计的基本要求。

② 联系要参观的建筑实体，提前沟通好各个环节。

2）实训内容：在熟悉建筑施工图的基础上，在实训基地进行幕墙分格设计；熟悉幕墙建筑设计的基本要求；完成幕墙分格设计图纸。

3）实训步骤

① 领取实训任务。

② 分组并分别确定实训地点。

③ 熟悉建筑施工图。

④ 实训基地参观和实操。

⑤ 完成实训成果。

4）教师指导点评和疑难解答。

5）进行总结和评估。

5. 项目实训基本步骤

步　骤	教 师 行 为	学 生 行 为
1	交代实训工作任务背景，引出实训项目	（1）分好小组
2	布置幕墙分格设计应做的准备工作	（2）准备设计工具
3	明确幕墙设计步骤和内容，帮助学生落实设计任务	
4	学生分组调研，教师巡回指导	完成设计任务
5	点评设计成果	自我评价或小组评价
6	布置下一步的实训作业	明确下一步的实训内容

6. 项目评估

项目：			指导老师：
项目技能	技能达标分项		备　　注
调研报告	1. 内容完整，得 2.0 分 2. 符合施工现场情况，得 2.0 分 3. 佐证资料齐全，得 1.0 分		根据职业岗位、技能需求，学生可以补充完善达标项

（续）

项目：		指导老师：
项目技能	技能达标分项	备　注
自我评价	对照达标分项，得 3 分为达标； 对照达标分项，得 4 分为良好； 对照达标分项，得 5 分为优秀	客观评价
评议	各小组间互相评价，取长补短，共同进步	提供优秀作品观摩学习

自我评价　　　　　　　　　　　　　　个人签名

小组评价　达标率_____　　　　组长签名_____

　　　　　良好率_____

　　　　　优秀率_____

　　　　　　　　　　　　　　　　　　　　　　　　年　　月　　日

项目 4 ▶▶▶▶▶

玻璃幕墙构造与施工

学习目标

　　通过本项目的学习，要求学生掌握玻璃幕墙的基本概念、分类和特点，熟悉元件式隐框玻璃幕墙、明框玻璃幕墙、单元式幕墙、点式玻璃幕墙、全玻幕墙的构造与施工工艺，掌握玻璃幕墙施工质量验收要点。

　　面板材料是玻璃的建筑幕墙称为玻璃幕墙（Glass Curtain Wall）。玻璃幕墙主要应用玻璃这种饰面材料，覆盖在建筑物的表面，玻璃幕墙光亮、明快、挺拔，有较好的统一感。

　　玻璃幕墙包括有骨架体系和无骨架（无框式玻璃幕墙）体系两大类。有骨架体系主要受力构件是幕墙骨架，根据幕墙骨架与玻璃的连接构造方式，可分为明框式玻璃幕墙、隐框式玻璃幕墙和半隐框玻璃幕墙。半隐框玻璃幕墙又包括横明竖隐和竖明横隐两大类。明框式幕墙玻璃安装牢固、安全可靠。隐框式幕墙的幕墙玻璃是用胶粘剂直接粘贴在骨架外侧的，幕墙的骨架不外露，装饰效果好，但玻璃与骨架的粘贴技术要求高。无骨架（无框式）玻璃幕墙体系又包括点支承玻璃幕墙和全玻璃幕墙。

　　按照施工方法，玻璃幕墙又分为元件式和单元式玻璃幕墙。

4.1　元件式隐框玻璃幕墙构造与施工

　　元件式幕墙是框支承幕墙的一种，它的主要特点是所有支承结构材料，都是以散件运到施工现场，在施工现场依次安装完成，它是目前市场上生产规模最大，也是技术最成熟的一种传统幕墙。根据面板外部结构形式的不同，元件式幕墙可分为：隐框幕墙、半隐框幕墙和明框幕墙。

4.1.1　元件式隐框玻璃幕墙构造

　　1. 元件式隐框玻璃幕墙的组成

　　隐框玻璃幕墙主要由幕墙立柱、横梁、玻璃、主体结构、预埋件、连接件以及连接螺栓、垫杆和开启扇等组成，如图 4-1a 所示。

2. 元件式隐框玻璃幕墙的构造

（1）基本构造　从图 4-1b 中可以看到，立柱两侧角码是 L 100mm×60mm×10mm 的角钢，它通过 M12×110mm 的镀锌连接螺栓将铝合金立柱与主体结构预埋件连接，立柱又与铝合金横梁连接，在立柱和横梁的外侧再用连接压板通过 M6×25mm 的圆头螺钉将带副框的玻璃组合件固定在铝合金立柱上。

为了提高幕墙的密封性能，在两块中空玻璃之间填充直径为 18mm 的泡沫条并填耐候胶，形成 15mm 宽的缝，使得中空玻璃发生变形时有位移的空间。《玻璃幕墙工程技术规范》（JGJ 102—2003）中规定，隐框玻璃幕墙拼缝宽度不宜小于 15mm。

图 4-1b 反映横梁与立柱的连接构造，以及玻璃组合件与横梁的连接关系。玻璃组合件应在符合洁净要求的车间中生产，然后运至施工现场进行安装。

幕墙构件应连接牢固，接缝处须用密封材料密封（图 4-1b 中玻璃副框与横梁、主柱相交均有胶垫），用于消除构件间的摩擦声，防止串烟、串火，并消除由于温差变化引起的热胀冷缩应力。

（2）防火构造　为了保证建筑物的防火能力，玻璃幕墙与每层楼板、隔墙处以及窗间墙、窗槛墙的缝隙应采用不燃烧材料（如填充岩棉等）填充严密，形成防火隔层。如图 4-2 所示，在横梁位置安装厚度不小于 100mm 的防火岩棉，并用 1.5mm 厚钢板包制。

（3）防雷构造　《建筑物防雷设计规范》（GB 50057—2010）规定，高层建筑应设置防雷用的均压环（沿建筑物外墙周边每隔一定高度的水平防雷网，用于防侧雷），环间垂直间距不应大于 12m，均压环可利用梁内的纵向钢筋或另行安装。

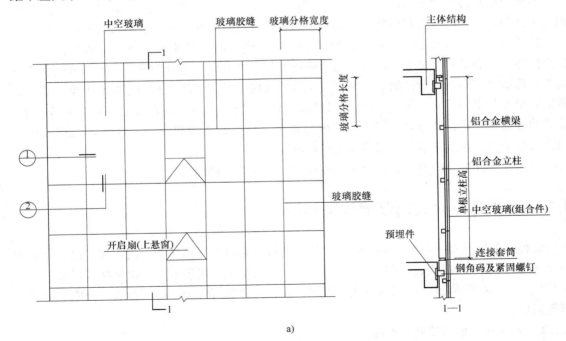

a)

图 4-1　隐框玻璃幕墙组成及节点构造

a）隐框玻璃幕墙组成

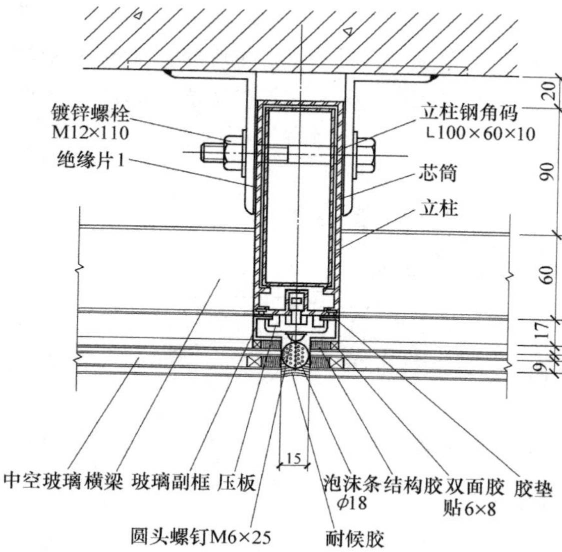

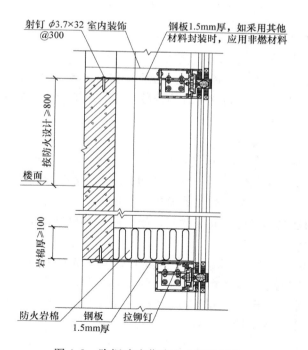

镀锌螺栓 M12×110
绝缘片1
立柱钢角码 L100×60×10
芯筒
立柱

20
90
60
17
9
5 6

15

中空玻璃 横梁 玻璃副框 压板
圆头螺钉M6×25   耐候胶
泡沫条 结构胶 双面胶 胶垫
φ18   贴 6×8

胶垫
横梁
弧形
拉铆钉φ5
铝角码
L25×25×3
立柱

60
60
15

中空玻璃
玻璃副框
压板
圆头螺钉M6×25
泡沫条φ18
结构胶
双面胶贴6×8
玻璃副框

16+16 5 9 6

① 隐框玻璃幕墙水平节点

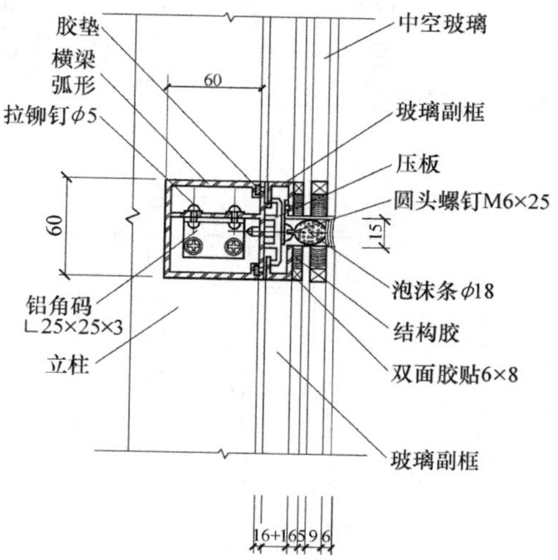

② 隐框玻璃幕墙垂直节点

b)

图 4-1   隐框玻璃幕墙组成及节点构造（续）

b) 节点构造

射钉 φ3.7×32 室内装饰
@300
钢板1.5mm厚，如采用其他
材料封装时，应用非燃材料

按防火设计 ≥800
楼面
岩棉厚 ≥100

防火岩棉   钢板   拉铆钉
1.5mm厚

图 4-2   隐框玻璃幕墙防火构造节点

　　如采用梁内的纵向钢筋做均压环时，幕墙位于均压环处的预埋件的锚筋必须与均压环处梁的纵向钢筋连通；设均压环位置的幕墙立柱必须与均压环连通，该位置处的幕墙横梁必须与幕墙立柱连通；未设均压环处的立柱必须与固定在设均压环楼层的立柱连通，如图4-3所示。接地电阻均应小于4Ω。

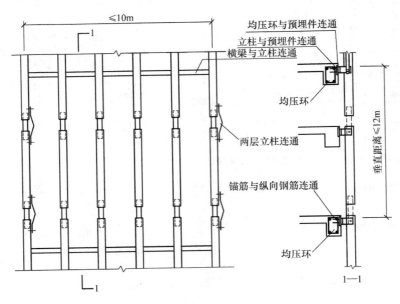

图4-3　隐框玻璃幕墙防雷构造简图

4.1.2　元件式隐框玻璃幕墙施工

　　1. 元件式隐框玻璃幕墙的施工工艺流程

　　元件式隐框玻璃幕墙施工工艺流程为：测量放线→连接件的安装→转接件安装→立柱安装→横梁安装→防火隔断安装→防雷装置的安装→安装玻璃组件→安装开启窗扇→填充泡沫棒并注耐候密封胶→保护和清洁→检查、验收。

　　2. 施工安装要点及注意事项

　　（1）测量放线　由于幕墙的高精度特征，所以对土建的要求就相对提高（土建施工的误差与结构的难易、施工单位的水平等有着密切关系），这就造成了幕墙施工与土建误差的矛盾。而解决这一矛盾的唯一途径就是幕墙施工单位对结构误差进行调整，这就需要对主体已完成或局部完成的建筑物进行外轮廓测量，根据测量结果确定幕墙的调整处理方法，并提供给设计单位作出设计更改。

　　1）熟悉图纸。对于本作业的操作，首先要对有关图纸有全面的了解，不仅是对幕墙施工图，对土建图、结构图也需要了解，主要了解立面变化的位置、标高、变化的特点。

　　2）编制测量计划。对于工作量较大或是较复杂的工程，测量要分类有序地进行。在对建筑物轮廓测量前要编制测量计划，对所测量的对象进行分区、分面、分部地测量，然后进行综合。测量区域的划分在一般情况下遵循以立面划分为基础，以立面变化为界限的原则，全方位进行测量。

　　在对整个工程进行分区（可在图纸上完成，也可在现场完成）后，对每个区域进行测量。根据实际情况，可一区一区进行，也可以几个区同时进行，在测量时首先找到关键层，关键层必须具备以下几个条件：

① 要具备纵观全区的特性。

② 可以由此层开始放线到全区的每一部分。

③ 由此层所放的线具有测量性和可控性。

④ 可影响周围环境的层次，关键层也是垂直方位的定位层。

确定了基准测量层后即要确定基准测量轴线。轴线是建筑物的定位基准线，幕墙施工定位前，首先要与土建共同确定基准轴线或复核土建的基准轴线。

关键层、基准轴线确定后，随后确定的即是关键点。关键点在关键层上寻找，但不一定在基准轴结上，且不低于两个。

3）放线。放线从关键点开始，先放水平线，用水准仪进行水平线的放线，一般的铁线放线采用花篮螺丝收紧，然后吊线（垂直），高层、超高层建筑一般要采用高精度激光经纬仪放线，再配以铁线吊线的方法进行放线。测量放线注意事项：

① 放线定位前使用经纬仪、水准仪等测量设备，配合标准钢卷尺、重锤、水平尺等复核主体结构轴线、标高及尺寸，注意是否有超出允许值的偏差。

② 高层建筑的测量放线应在风力不大于四级时进行，测量工作应每天定时进行。

测量放线时，还应对预埋件的偏差进行校验，其上下左右偏差不应大于 45mm，超出允许偏差的预埋件必须进行适当处理或重新设计，应把处理意见上报监理、业主和项目部。

（2）连接件的安装　连接件有很多种类，但一般情况下有两种：一种是单件式，一种为组合式。对每一项工程来讲，可能同时采用两种连接件。但不管是哪一种，其作用都是为了将幕墙与主体结构连接起来，故连接件的安装质量将直接影响幕墙的结构安装质量。

1）主要材料说明。连接件：铁板厚为 8mm，在安装前检查连接件是否符合要求，是否是合格品，电镀是否按标准进行，孔洞是否符合产品标准。焊条：要注意保存，注意防水防潮，还要注意用电安全。

2）寻准预埋铁件或安装后置埋件：预埋铁件的作用就是将连接件固定，使幕墙结构与主体混凝土结构连接起来。故安装连接件时首先要寻找预埋件，只有寻准了预埋件才能准确地安装连接件。如果预埋铁件偏移太大或未预埋，则需按要求安装后置埋件。

3）对照竖梁垂直：竖梁的中心线也是连接件的中心线，故在安装时应注意控制连接件的位置，其偏差应小于 2mm。

拉水平线控制水平高低及进深尺寸。虽然预埋铁件已控制水平高度，但由于施工误差影响，安装连接件时仍要拉水平线控制其水平及进深的位置以保证连接件的安装准确无误。

4）点焊：在连接件三维空间定位确定后要进行连接件的临时固定，即点焊。点焊时每个焊接面点 2～3 点，要保证连接件不会脱落。点焊时要两人同时进行，一个固定位置，另一个点焊，协调施工，同时两人都要做好防护；点焊人员必须是有焊工技术操作证者，以保证点焊的质量。

5）验收检查：对初步固定的连接件按层次逐个检查施工质量，主要检查三维空间误差，一定要将误差控制在误差范围之内。三维空间误差工地施工控制范围为垂直误差小于 2mm，水平误差小于 2mm，进深误差小于 3mm。

6）加焊正式固定：对验收合格的连接件进行固定，即正式烧焊。烧焊操作时要按照焊接的规格及操作规定进行。

7）验收：对烧焊好的连接件，现场管理人员要对其进行逐个检查验收，对不合格处进行返工改进，直至达到要求为止。

8）防腐处理：连接件在车间加工时亦进行过了防腐处理（镀锌防腐），但由于焊接对防腐层会产生一定程度的破坏，故仍需再进行防腐处理，具体方法如下：清理焊渣；报请质量部门进行验收，合格后再涂刷防锈漆。

（3）转接件安装　在连接件安装完成后，可随即进行90°镀锌铁码的安装，镀锌铁码可在此间安装，也可以与竖梁同时进行安装。

主要材料包括镀锌铁码、规格不同的不锈钢螺栓。镀锌铁码用6mm厚铁板加工成Y向长度为80mm、100mm、200mm等常用规格。在进入工地前对镀锌铁码进行全面质量检查。首先检查规格是否正确，其次检查镀锌是否完整，折弯是否为直角，转角处是否存在伤害。不合格的材料不得进入工地，更不能安装。

由于两种主要材料属于镀锌防腐，故在现场存放时要特别小心，防止生锈。

由于材料规格不同且质量很重，故在安装前先将所需的材料按不同规格放置到安装位置附近，以便安装。

安装镀锌角码前要对已安装的连接件进行清理，若已有污染或腐蚀，要进行防腐处理。

上道工序完成后，就要对90°镀锌铁码进行安装，即将不锈钢螺栓穿过连接件和转接件的长圆孔并拧紧，并保证X向可调节。对不符合位置的镀锌铁码要及时更换，不能凭主观而忽略任何可能存在的隐患。对所装上的铁码要进行全面检查，内容包括防腐是否完好，规格是否正确，调节是否到位。

（4）立柱安装　立柱安装在全部幕墙安装过程中由于其工程量大、施工不便、精度要求高而占有极其重要的地位。立柱安装是整个工程进度控制点之一，故此作业无论从技术上还是管理上都要分外重视。

安装前检查立柱型号、规格，安装前先要熟悉图纸，同时要熟悉订料图，准确了解各部位使用何种立柱。检查包括以下几个方面：

① 颜色是否正确，氧化膜是否符合要求。

② 截面是否与设计相符（包括截面高度、角度、壁厚等）。

③ 长度是否符合要求（是否扣除20mm伸缩缝）。

按照作业计划将要安装的立柱运送到指定位置，同时注意其表面的保护。

立柱安装一般由下而上进行，带芯套的一端朝上。第一根立柱按悬垂构件先固定上端，调正后固定下端；第二根立柱将下端对准第一根立柱上端的芯套用力将第二根立柱套上，并保留20mm的伸缩缝，再吊线或对位安装立柱上端，依次往上安装。若采用吊篮施工，可将吊篮在施工范围内的立柱同时自下而上安装完，再水平移动吊篮安装另一段立面的立柱。立柱和连接杆（支座）接触面之间一定要加防腐隔离垫片。

立柱安装后，对照上步工序测量定位线，对三维方向进行初调，保持误差<1mm，待基本安装完后在下道工序中再进行全面调整。

（5）横梁安装　横梁安装包括三个部分：一是横梁角码安装；二是横梁防震垫圈安装；三是横梁安装。而这三部分是通过不锈钢自攻螺钉穿进竖梁（钻孔）固定而成，因此这就造成了横梁安装的复杂性。同时，横梁安装是一种连续安装，安装第一根横梁的同时第二根横梁亦进入安装。另外，安装横梁仍然要考虑美观。隐框玻璃幕墙横梁组装如图 4-4 所示。

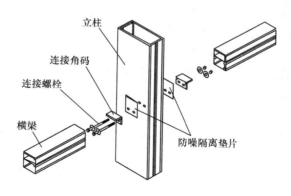

图 4-4　隐框玻璃幕墙横梁组装示意图

横梁根据不同的用途一般分为三种，即固定扇横梁、开启扇上横梁、开启扇下横梁。带形窗中还有专用的开启扇上下横梁，另外根据幕墙结构形式不同还分为带托块横梁、不带托块横梁。横梁在车间加工，其精密度要求很高。为了防止铝型材间的接触磨擦引起的对幕墙质量的影响，在横梁与立柱间用垫圈隔开，其形状根据不同的横梁截面设计，厚度为 1mm。

横梁角码是横梁与立柱连接的转接件，承受水平荷载和垂直荷载传来的剪切力。

在安装前要对所使用的材料质量进行合格检查，包括横梁是否被破坏，冲口是否按要求冲口，同时所有冲口边是否有变形，是否有毛刺边等，如发现类似情况要将其处理后再进行安装。

横梁就位安装先找好位置，将横梁角码预置于横梁两端，再将横梁垫圈预置于横梁两端，用 5×12 不锈钢螺钉穿过横梁角码，逐渐收紧不锈钢螺钉，同时注意观察横梁角码的就位情况，调整好各配件的位置以保证横梁的安装质量。在安装横梁时，应注意设计中如果有排水系统，冷凝水排出管及附件应与横梁预留孔连接严密，与内衬板出水孔连接处应设橡胶密封条，其他通气孔、雨水排出口，应按设计进行施工，不得遗漏。

横梁安装完成后要对横梁进行检查，主要检查以下几方面内容：各种横梁的就位是否有错，横梁与竖梁接口是否吻合，横梁垫圈是否规范整齐，横梁是否水平，横梁外侧面是否与竖梁外侧面在同一平面上等。

（6）防火隔断安装　防火隔断是为防止层间蹿火而设计的，它的设计依据是建筑设计防火规范。

防火隔断主要包括防火隔断板、防火岩棉。防火隔断板是用镀锌钢板（1.2mm 厚）经车间加工制作而成。安装时用射钉、拉铆钉连接在主体结构与幕墙结构上，将上下两层隔开。其施工过程如下：

1）施工准备工作：施工准备工作包括两个方面，一是加工单准备，即测量尺寸、填写下料单，测量时按左右分开测量并记录原始数据，然后计算出下料尺寸并附上加工简图，经复核审查后交车间加工；二是车间加工的半成品送到工地后要清理好，并检查是否按要求加工。

2）整理防火板并对位：将车间加工好的防火板对照下料单一一分开，并在各层上将防火板按顺序就位放好,以便安装,如发现有错应通知工厂及有关部门处理。

3)试装:将就位的防火板安装在最终定位处,检查其尺寸是否合适。

4)检查工器具:在正式安装前要先检查工器具是否正常,工器具主要有电钻、拉铆枪、射钉枪,要检查这些工具是否完好,能否正常使用。

5)打孔:就位后的防火板一侧固定在防火隔断横梁(或可当作防火隔断横梁)上,用拉钉固定,一侧与主体连接,用射钉固定,在安装中先在横梁上钻孔,用拉钉连接钻孔时要注意对照防火板上的孔位钻孔。

6)拉钉:选择适当的拉钉在钻好的孔处将防火板与横梁拉铆固定。注意如果拉钉不稳要重新钻孔再拉铆。

7)就位、打射钉:将拉好拉钉的防火板从下向上紧靠结构定位,然后用射钉枪将防火板的另一侧钉在主体结构上。

8)检查安装质量:防火板固定好后,要检查是否牢固,是否有孔洞需要补等。检查时要做好详细的检查记录,并按规定签字,整理成册。

为满足幕墙防火性能的要求,在幕墙设计中必须考虑防火保温的措施。防火除了安装防火隔断板外,还要在板内填塞防火岩棉,根据不同的要求,分别填塞200mm、250mm或350mm厚的防火岩棉。防火岩棉需根据设计图纸要求的厚度及现场实测的宽度尺寸进行截切后安装于防火钢板内,安装需在晴天进行,并及时封闭,以免被雨水淋湿。可在板块安装完后安装的应后安装,以保护防火岩棉,安装完后应在表面用钢丝网封闭。

(7)防雷装置的安装 通常建筑物的防雷装置有三部分:接闪器(如避雷针、避雷网、避雷环等)、引下线和接地装置。根据国家有关规范的规定,建筑幕墙的立柱、横梁应和建筑物防雷网接通,把建筑幕墙获得的巨大雷电能量通过建筑物的接地系统迅速地输送到地下,使其两部分成为一个防雷整体,共同起到保护建筑幕墙和建筑物免遭雷电破坏的作用。

根据设计要求及现场实测尺寸进行下料,分层运送就位。将镀锌钢筋与节点处进行焊接,并及时进行防锈处理。将幕墙的防雷体系连为一体后进行检查,然后与主体避雷设施进行连接。整体防雷装置完成后,进行接地电阻测试,确定其接地电阻在允许范围之内。

(8)玻璃板块安装 玻璃板块是在制作厂加工完成,然后在工地安装的。由于工地不宜长期贮存玻璃,故在安装前要制定详细的安装计划,列出详细的玻璃供应计划,这样才能保证安装顺利进行及方便制作厂安排生产。

主要材料包括玻璃板块、不锈钢机械螺栓、铝压块。玻璃板块由制作厂根据工地的下料加工通知单通过一定的工艺流程加工而成。它由玻璃、结构胶、双面贴、铝型材(框料)及玻璃托块、密封胶条等组成。

安装前检查验收玻璃板块:规格、数量是否正确;各层间是否有错位玻璃;玻璃堆放是否安全、可靠;是否有误差超过标准的玻璃;是否有已经损坏的玻璃。

验收的内容有:三维误差是否在控制范围内;玻璃铝框是否有损伤,该更换的要更换;结构胶是否有异常;抽样做结构胶粘接测试。

玻璃板块按层次、规格堆放,在安装玻璃板块前要将玻璃清理,按层次堆放好,同时要按安装顺序进行堆放,堆放时要适当倾斜,以免玻璃倾覆。

安装有以下几个步骤:检查、寻找玻璃;运玻璃;调整方向;将玻璃抬至安装处;落横梁槽;对胶缝;钻孔;上压块(临时固定)。

玻璃板块初装完成后应对板块进行调整，调整的标准即横平、竖直、面平。横平即横梁水平，胶缝水平；竖直即竖梁垂直、胶缝垂直；面平即各玻璃在同一平面内或弧面上。室外调整完后还要检查室内是否平整，各处尺寸是否达到设计要求。

玻璃板块调整完后马上要进行固定，主要是用压块固定。上压块时要注意钻孔，手电钻钻咀不得大于 $\phi4.5$，螺栓采用 5×20 的不锈钢机械螺栓，压块间距不得大于 $400\mathrm{mm}$，上压块时要上正、压紧，杜绝松动现象。

每次玻璃安装时，从安装过程到安装完毕后，应全过程进行质量控制，验收也穿插于全过程中，验收的内容有：

① 板块自身是否有问题。

② 胶缝大小是否符合设计要求。

③ 胶缝是否横平竖直。

④ 玻璃板块是否有错面现象。

⑤ 室内铝材间的接口是否符合设计要求。

每幅幕墙抽检 5% 的分格，且不少于 5 个分格。允许偏差项目有 80% 抽检实测值合格，其余抽检实测值不影响安全和使用的，则判定为合格。

（9）窗扇安装　安装时应注意窗扇与窗框的配合间隙是否符合设计要求，窗框胶条应安装到位，以保证其密封性。如图 4-5 所示为隐框玻璃幕墙开启扇的竖向节点详图。

窗扇连接件的品种、规格、质量一定要符合设计要求，并采用不锈钢或轻钢金属制品，以保证窗扇的安全、耐用。

（10）注耐候密封胶　玻璃、铝板等板块安装调整后即开始注密封胶，该工序是防雨水渗漏和空气渗透的关键工序。

注耐候密封胶所用材料及工器具包括耐候密封胶、填缝垫杆、清洁剂、清洁布、注胶枪、刮胶纸、刮胶铲。基本操作如下：

1）填塞垫杆：选择规格合适、质量符合要求的垫杆填塞到拟注胶缝中，保持垫杆与板块侧面有足够的磨擦力，填塞后垫杆凸出表面，距玻璃表面约 6mm。

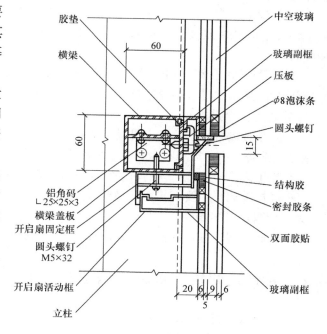

图 4-5　隐框玻璃幕墙开启扇的竖向节点详图

2）清洁注胶缝：选用干净不脱毛的清洁布和二甲苯，用"两块抹布法"将拟注胶缝在注胶前半小时内清洁干净。

3）粘贴刮胶纸：在注胶玻璃缝两侧玻璃上粘贴刮胶纸（美纹纸条）对玻璃表面进行保

83

护，注胶完成后再将其揭除。

4）注胶：胶缝在清洁后半小时内应尽快注胶，超过时间后应重新清洁。

5）刮胶：刮胶应沿同一方向将胶缝刮平（或凹面），同时应注意密封胶的固化时间。

耐候胶在缝内相对两面黏结，不得三面黏结，较深的密封槽口应先嵌填聚乙烯泡沫条。耐候胶施工厚度应大于3.5mm，施工宽度不应小于施工厚度的2倍。注胶后胶缝饱满，表面光滑细腻，不污染其他表面。立柱、横梁等交接部位注胶一定要密实、无气泡。

（11）保护和清洁 清洁收尾是工程竣工验收前的最后一道工序，虽然安装已完工，但为求完美的饰面质量此工序亦不能马虎。铝型材在最后工序时揭开保护膜胶纸，若已产生污染，应用中性溶剂清洗后，用清水冲洗干净，若洗不净则应通知供应商寻求其他办法解决。

玻璃表面（非镀膜面）的胶丝迹或其他污染物可用刀片刮净并用中性溶剂清洗后，用清水冲洗干净。室内镀膜面处的污物要特别小心，不得大力擦洗或用刀片等利器刮擦，只可用溶剂、清水等清洁。在全过程中应注意成品保护。

（12）施工注意事项

1）工序质量控制要点

① 提高立柱、横梁的安装精度是保证隐框幕墙外表面平整、连续的基础。因此在立柱全部或基本悬挂完毕后，须再逐根进行检查和调整，然后进行永久性固定的施工。

② 外围护结构组件在安装过程中，除了要注意其个体的位置以及相邻间的相互位置外，在整幅幕墙沿高度或宽度方向尺寸较大时，还要注意安装过程中的积累误差，适时进行调整。

③ 外围护结构组件间的密封，是确保隐框幕墙密封性能的关键，同时密封胶表面处理也是隐框幕墙外观质量的主要衡量标准。因此，必须正确放置衬杆位置和防止密封胶污染玻璃。

2）施工安全措施

① 安装玻璃幕墙用的施工机具应进行严格检验。手电钻、电动螺钉旋具等电动工具应作绝缘性试验，手持玻璃吸盘、电动玻璃吸盘应进行吸附重量和吸附持续时间的试验。

② 施工人员进入施工现场，必须佩带安全帽、安全带、工具袋等。

③ 高层玻璃幕墙安装与上部结构施工交叉时，结构施工下方应设安全防护网。在离地3m处，应搭设挑出6m的水平安全网。

④ 在施工现场进行焊接时，在焊件下方应吊挂接渣斗。

4.2 元件式明框玻璃幕墙构造与施工

4.2.1 元件式明框玻璃幕墙构造

1. 明框玻璃幕墙的形式

明框玻璃幕墙也称为普通玻璃幕墙。明框玻璃幕墙的构造形式包括整体镶嵌槽式、组合镶嵌槽式和混合镶嵌槽式。

整体镶嵌槽式：镶嵌槽和杆件是一个整体，镶嵌槽外侧槽板与构件是整体连接的，在挤压型材时就是一个整体，采用投入法安装玻璃，整体镶嵌槽式普通玻璃幕墙如图4-6所示。定位后有干式装配、湿式装配和混合装配三种固定方法，混合装配又分为从外侧和从内侧安装玻璃两种做法，如图4-7所示。

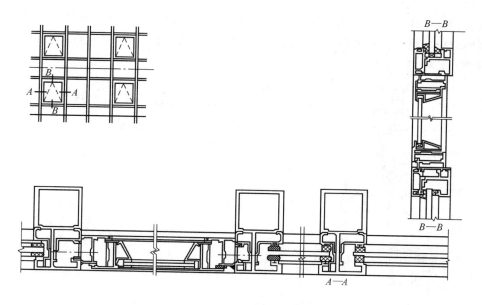

图 4-6　整体镶嵌槽式普通玻璃幕墙

　　组合镶嵌槽式：镶嵌槽的外侧槽板与构件是分离的，采用平推法安装玻璃，玻璃安装定位后压上压板，用螺栓将压板外侧扣上扣板装饰，如图 4-8 所示。

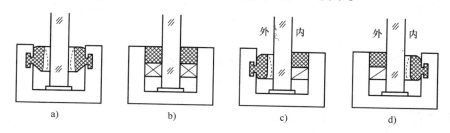

a)　　　　　　　　　b)　　　　　　　　　c)　　　　　　　　　d)

图 4-7　整体镶嵌槽式玻璃幕墙固定方法
a）干式装配　b）湿式装配　c）混合装配（内侧装玻璃）　d）混合装配（外侧装玻璃）

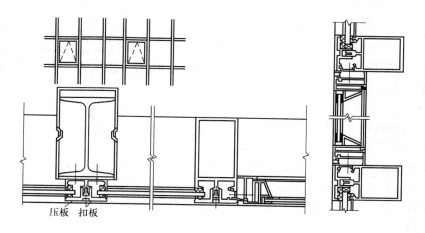

压板　扣板

图 4-8　组合镶嵌槽式玻璃幕墙

混合镶嵌槽式：一般是立梃用整体镶嵌槽、横梁用组合镶嵌槽，安装玻璃用左右投装法，玻璃定位后将压板用螺钉固定到横梁杆件上，扣上扣板形成横梁完整的镶嵌槽，可从外侧或内侧安装玻璃，如图4-9所示。

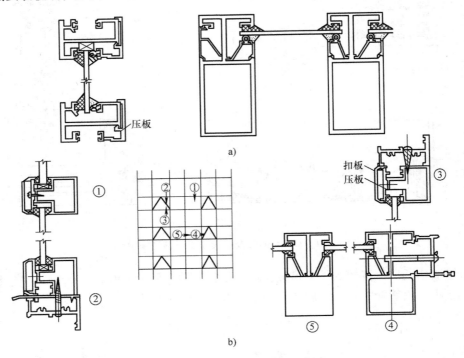

图 4-9　混合镶嵌槽式玻璃幕墙

a）从内侧安装玻璃　b）从外侧安装玻璃

2. 元件式明框玻璃幕墙的构造组成

明框玻璃幕墙的构造形式有五种：元件式（分件式）、单元式（板块式）、元件单元式、嵌板式、包柱式。元件式（分件式）玻璃幕墙用一根元件（竖梃、横梁）安装在建筑物主体框架上形成框格体系，再将金属框架、玻璃、填充层和内衬墙，以一定顺序进行组装。目前多采用布置比较灵活的竖梃方式。元件式明框玻璃幕墙构造如图4-10所示。

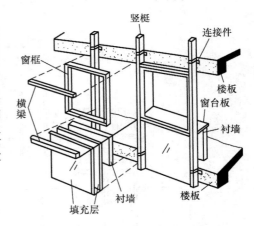

图 4-10　元件式明框玻璃幕墙构造

4.2.2　元件式明框玻璃幕墙施工

1. 元件式明框玻璃幕墙施工工艺流程

元件式明框玻璃幕墙施工工艺流程为：测量放线→调整和后置预埋件→装配铝合金立柱、横梁→安装立柱、横梁→幕墙附件安装→安装玻璃→安装开启窗扇→安装玻璃幕墙铝盖条→清洁、整理→检查、验收。

2. 元件式明框玻璃幕墙施工工艺要点

（1）测量放线　立柱由于与主体结构锚固，所以位置必须准确，横梁以立柱为依托，在立柱布置完毕后再安装，所以对横梁的弹线可推后进行。

在工作层上放出 z、y 轴线，用激光经纬仪依次向上定出轴线。再根据各层轴线定出楼板预埋件的中心线，并用经纬仪垂直逐层校核，再定各层连接件的外边线，以便与立柱连接。如果主体结构为钢结构，由于弹性钢结构有一定挠度，故应在低风时测量定位（一般在早8点，风力在 $1 \sim 2$ 级以下时）为宜，且要多测几次，并与原结构轴线复核、调整。

放线结束，必须建立自检、互检与专业人员复验制度，确保万无一失。

（2）装配铝合金立柱、横梁　此工作可在室内进行，主要是装配好竖向主龙骨紧固件之间的连接件、横向次龙骨的连接件，安装镀锌钢板、主龙骨之间接头的内套管、外套管以及防水胶等，装配好横向次龙骨与主龙骨连接的配件及密封橡胶垫等。

（3）安装立柱、横梁　常用的固定方法有两种，一种是将骨架立柱型钢连接件与预埋铁件依弹线位置焊牢；另一种是将立柱型钢连接件与主体结构上的膨胀螺栓锚固。

两种方法各有优劣：由于预埋铁件是在主体结构施工中预先埋置，不可避免地会产生偏差，必须在连接件焊接时进行接长处理；膨胀螺栓则是在连接件设置时随钻孔埋设，准确性高，机动性大，但钻孔工作量大，劳动强度高，工作较困难。如果在土建施工中安装，可与土建统筹考虑，密切配合，优先采用预埋件。

应该注意：连接件与预埋件连接时，必须保证焊接质量。每条焊缝的长度、高度及焊条型号均须符合焊接规范要求。采用膨胀螺栓时，钻孔应避开钢筋，螺栓埋入深度应能保证满足规定的抗拔能力。

连接件一般为型钢，形状随幕墙结构立柱形式变化和埋置部位变化而不同。连接件安装后，可进行立柱的连接。

幕墙立柱、横梁安装，应符合以下要求：

1）立柱先与连接件连接，然后连接件再与主体结构埋件连接，应按立柱轴线偏差不大于2mm、左右偏差不大于3mm、立柱连接件标高偏差不大于3mm调整、固定。

相邻两根立柱安装标高偏差不大于3mm，同层立柱的最大标高偏差不大于5mm，相邻两根立柱距离偏差不大于2mm。

立柱安装就位后应及时调整、紧固，临时固定螺栓在紧固后应及时拆除。

2）横梁两端的连接件以及弹性橡胶垫，要求安装牢固，接缝严密，应准确安装在立柱的预定位置。

相邻两根横梁的水平标高偏差不大于1mm，同层水平标高偏差：当一幅幕墙宽度≤35m时，不应大于5mm；当一幅幕墙宽度 >35m 时，不应大于7mm。横梁的水平标高应与立柱的嵌玻璃凹槽一致，其表面高低差不大于1mm。

同一楼层横梁应由下而上安装，安装完一层时应及时检查、调整、固定。

3）玻璃幕墙立柱安装就位、调整后应及时紧固。玻璃幕墙安装的临时螺栓等在构件安装、就位、调整、紧固后应及时拆除。

4）现场焊接或高强螺栓紧固的构件固定后，及时进行防锈处理。玻璃幕墙中与铝合金接触的螺栓及金属配件应采用不锈钢或轻金属制品。

5）不同金属的接触面应采用垫片作隔离处理。

（4）玻璃幕墙其他主要附件安装　由于幕墙与柱、楼板之间产生的空隙对防火、隔声不利，所以在室内装饰时，必须在窗台上下部位做内衬墙，内衬墙的构造类似于内隔墙，窗台板以下部位可以先立筋，中间填充矿棉或玻璃棉防火隔热层，后覆铝板隔汽层，再封纸面石膏板，也可以直接砌筑加气混凝土板。目前常用的一种方法：先用一条L形镀锌钢板固定在幕墙的横档上，然后在钢板上铺放防火材料。用得较多的防火材料有矿棉（岩棉）、超细玻璃棉等。铺放高度应根据建筑物的防火等级并结合防火材料的耐火性能通过计算后确定。防火材料应干燥，铺放要均匀、整齐，不得漏铺。

根据幕墙排水构造要求，在横档与水平铝框的接触处外侧安上一条铝合金披水板，以排去其上面横档下部的滴水孔滴下的雨水，起封盖与防水的双重作用。根据设计要求安设冷凝排水管线。

玻璃幕墙其他主要附件安装应符合下列要求：

1）有热工要求的幕墙，保温部分宜从内向外安装。当采用内衬板时，四周应套装弹性橡胶密封条，内衬板与构件接缝应严密；内衬板就位后，应进行密封处理。

2）防火保温材料应安装牢固，防火保温层应平整，拼接处不应留缝隙。

3）冷凝水排出管及附件应与水平构件预留孔连接严密，与内衬板出水孔连接处应设橡胶密封条。

4）其他通气留槽孔及雨水排出口等应按设计施工，不得遗漏。

（5）玻璃安装　幕墙玻璃的安装，由于骨架结构类型不同，玻璃固定方法也有差异。

型钢骨架，因型钢没有镶嵌玻璃的凹槽，一般要用窗框过渡。可先将玻璃安装在铝合金窗框上，而后再将窗框与型钢骨架连接。

立柱安装玻璃时，先在内侧安上铝合金压条，然后将玻璃放入凹槽内，再用密封材料密封，安装构造如图4-11所示。横梁装配玻璃与立柱在构造上不同，横梁支承玻璃的部分倾斜，要排除因密封不严流入凹槽内的雨水，外侧须用一条盖板封住。

幕墙玻璃安装应按下列要求进行：

1）玻璃安装前应将表面尘土和污物擦拭干净。热反射玻璃安装应将镀膜面朝向室内，非镀膜面朝向室外。

2）玻璃与构件不得直接接触。玻璃四周与构件凹槽底应保持一定空隙，每块玻璃下部应设不少于2块弹性定位垫块；垫块的宽度与槽口宽度应相同，长度不应小于100mm；玻璃两边嵌入量及空隙应符合设计要求。

3）玻璃四周橡胶条应按规定型号选用，镶嵌应平整，橡胶条长度宜比边框内槽口长 1.5% ~ 2%，其断口应留在四角；斜面断开后应拼成预定的设计角度，并应用胶粘剂粘结牢固后嵌入槽内。

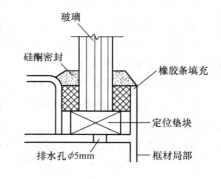

图 4-11　玻璃镶嵌安装

（6）铝合金装饰压板安装　铝合金装饰压板应符合设计要求，表面应平整，色彩应一致，不得有肉眼可见的变形、波纹和凸凹不平，接缝应均匀严密。

4.3　单元式玻璃幕墙构造与施工

4.3.1　单元式玻璃幕墙构造

1. 单元式幕墙

单元式幕墙由各种墙面板与支撑框架在工厂制成完整的幕墙结构基本单位，直接安装在主体结构上的建筑幕墙称为单元式幕墙。单元式幕墙在工厂车间内将加工好的各种构件和饰面材料组装成一层或多层楼高的单元板块，运至工地进行整体吊装，与主体结构上的预埋件精确连接。

2. 单元式幕墙的类型

单元式幕墙做法有两大类，即插接方式（或称楔合式）及对接方式（或称独立式）。比较常用的是插接方式，又细分为横滑型和横锁型，通过杆件的对插完成接缝。对接方式是通过胶条的对接完成接缝。由于单元板块安装时在四个相邻板块间会形成一个内外惯穿的空洞，对这个空洞的不同处理方式决定了单元幕墙的类型。根据构造又分为明框、隐框和半隐单元幕墙；从面材上又可分为单元玻璃幕墙、单元石材幕墙、单元铝板幕墙、混合单元幕墙等。采用较多的是半隐单元幕墙和混合单元幕墙。

1）横滑型特点：通过封口板（封口、集水、分隔）进行单元之间的连接；只能用于相邻两单元180°对插；在地震中单元组件本身平面内变形比主体结构层间位移小；集水、排水功能较理想。

2）横锁型特点：横锁通过在接缝处竖框空腔中设一个多功能插芯进行单元之间的连接；它集封口、集水、分隔于一身；可用于单元组件任何角度对插；平面内变形与主体结构的层间变位几乎相同；集水、排水功能一般。

3. 单元式幕墙的构造形式

（1）横滑型构造　横滑型封口板嵌在下单元上框母槽内，它比上单元下框公槽大，上单元下框可以在封口板槽内自由滑动，故称横滑型，如图4-12~图4-15所示。

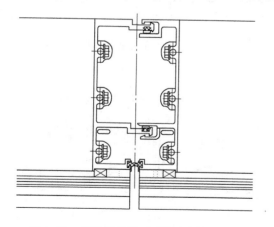

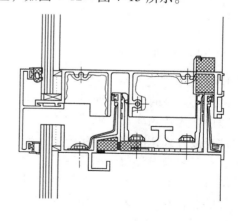

图4-12　横滑型单元式幕墙竖框节点图　　　　图4-13　横滑型单元式幕墙横框节点图

（2）横锁型构造　横锁型是在相邻上下两单元组件竖框内设开口铸铝插芯，铸铝插芯也互相对插，将接缝处空洞封堵，由于上下单元竖框用铸铝插芯插接，上下单元形成横向锁定，即上单元组件不能在下单元组件上框中滑动，如图4-16~图4-18所示。

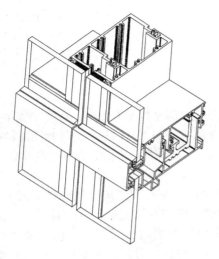

图 4-14　横滑型单元式幕墙三维节点图

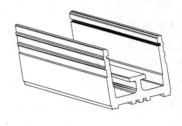

图 4-15　封口板示意图

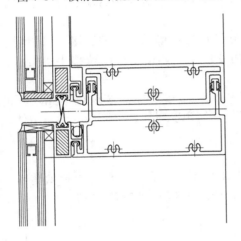

图 4-16　横锁型单元式幕墙竖框节点图

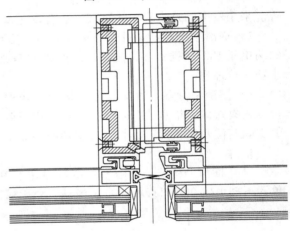

图 4-17　横锁型单元式幕墙横框节点图

4. 单元板块连接构造

目前，幕墙的埋件按埋设位置的不同分两种，即顶埋式及侧埋式；单元式连接也由其产生两种连接方式，即顶面连接方式、侧面连接方式。对于要求设计窗台墙的建筑，两种连接方式均可（窗台墙后做），对于室内设计成防撞栏杆的建筑则只能采用侧面连接方式。

（1）顶面连接方式（图 4-19）　这种方式是目前应用最为广泛的连接形式，挂点位于楼层标高以上。顶面连接方式受力合理，调整方便，但价格较侧面连接方式稍高。连接件可采用铝型材，加工精度高。在国内，随着市场

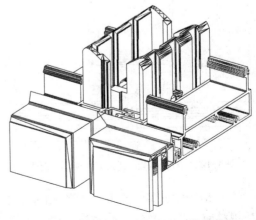

图 4-18　横锁型单元式幕墙三维节点图

竞争的加剧逐步向钢制连接件方向发展。

（2）侧面连接方式 挂点位于楼层标高以下，如图 4-20 所示。侧面连接方式也可实现三维调整，可全部用钢制构件，连接强度可靠，造价较低。对于室内设计成防撞栏杆的建筑，由于其挂点位于楼层标高以下，采用这种方式更便于室内地面接口找平，通透感较强，缺点是若位于梁底则工人操作不便。

由以上图示可看出两种连接方式均为主挂点，在受力上除了要承受风荷载以外，在竖向上同时还要承受自重，当层高及分格较大，且梁高大于 400mm 时，为有效降低型材用量、节约成本，可考虑增设辅助支点，如图 4-21 所示。

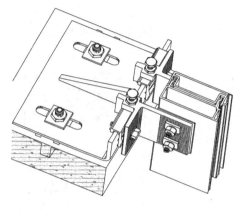

图 4-19 顶面连接方式

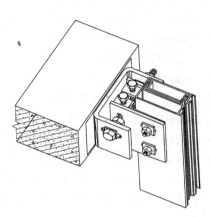

图 4-20 侧面连接方式

辅助连接方式是将 T 形滑块（图 4-22）与单元板块右竖龙骨可靠连接，主挂点调整就位后，安装后置支撑龙骨与主体连接牢固，辅助支点不限制竖龙骨的竖向位移。力学模型可由原单支点的简支梁或多跨铰接连续静定梁转化为双支点的双跨梁或多跨铰接连续一次超静定梁。这样可避免在大跨度大分格下龙骨的挠度不足的问题，并有效降低型材用量。以上所示各形式仅为示意，具体可根据实际情况进行合理改进。

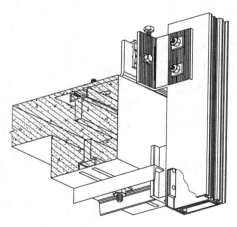

图 4-21 辅助支点

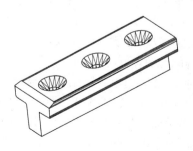

图 4-22 T 形滑块

5. 单元式幕墙构造设计

1）单元式幕墙组件的插接部位、对接部位以及开启部位，应按等压腔和雨幕原理进行构造设计。单元构件宜选用有 2 个或 2 个以上腔体的型材。单元组合后的左、右立柱腔体中，前腔的水不应排入顶、底横梁组件腔体的后腔内。

2）易渗入雨水和凝聚冷凝水的部位，应设计导排水构造。导排水构造中应无积水现象。水平构件腹板面上不宜开导排水孔。内排水方式宜采用同层排水。

3）单元式幕墙板块间的对插部位，铝型材应有导插构造。对插时不应出现铝合金型材上配置的密封胶条错位带出或造成损坏等现象。

4）单元式幕墙的插接接缝设计。单元组件之间应有一定的搭接长度，立柱的搭接长度应不小于 10mm，且能协调温度及地震作用下的位移；顶、底横梁的搭接长度应不小于 15mm，且能协调温度及地震作用下的位移。

5）单元式幕墙的对接接缝设计。对接型相邻板块的横梁、立柱，宜选用能控制横梁、立柱错位变形的对插构件或构造措施，并校核对插构件和节点的强度和刚度。靠近室内侧的最后一道密封条的搭接宽度 l_w 应大于左、右立柱在不同荷载作用下的变形差（图 4-23）。密封条在最小压缩量状态下的弹性应能满足气密性的要求。单元部件四周的密封胶条应周圈闭合，四个角部应密封。相邻四片单元板块相交处，端部应采取防渗漏密封胶封口措施。

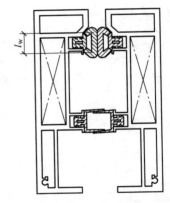

图 4-23　对接型密封胶条的搭接宽度

① 变形缝处单元板的接缝设计应能满足变形缝变形的构造要求，同一单元板块与主体结构的连接点应位于变形缝的同侧。

② 单元式幕墙框架构件连接处和螺钉、螺栓部位应有防雨水渗漏和防松脱措施，工艺孔应有防水构造。

③ 单元式幕墙的通气孔和排水孔宜采用透水材料封堵。通气孔宜采用直径不小于 8mm 的圆孔，排水孔宜采用不小于 12mm×40mm 的椭圆孔。

④ 单元板块的吊装孔不应损伤幕墙单元板块的防水系统。

⑤ 单元式幕墙与主体结构或其他系统的连接部位，应保持幕墙防水系统的完整。可增加配置或选用与单元式幕墙相同系列的型材做收口、收边构件，并采取密闭封堵措施。

⑥ 单元式幕墙面材与框架及框架与框架连接处，应有可靠的密封措施。

⑦ 隐框玻璃幕墙的单元板块上，玻璃周边应有护边构造。采用刚性护边时，玻璃与护边构件的间隙宜不小于 5mm。

⑧ 明框幕墙用密封胶条固定玻璃时，玻璃四周与框之间应设置柔性垫块，垫块长度应不小于 100mm，每边不少于 2 块。垫块与框之间应有可靠的固定连接。

⑨ 单元板块与主体结构的连接部位，应有防止板块滑动和脱落的措施。各连接件或转接件均能承受最不利荷载及作用，并满足构造要求。

⑩ 单元板块间的过桥型材长度宜不小于 150mm。过桥型材宜设置成一端铰接固定，另一端可滑动的连接形式，并使用硅酮密封胶密封。

⑪ 隐框单元式幕墙宜有防积尘构造措施。

6）明框单元板块的隔热条

① 穿条式隔热条构造可参考图 4-24。两根隔热条之间的距离应可穿过压板螺栓。

② 浇注式隔热条构造可参考图 4-25。

③ 隔热条不能作为传递荷载的受力部件，压板、压条固定螺栓应按承载能力极限状态计算确定。

6. 连接设计

1）单元式幕墙框架间应采用不锈钢螺钉连接并采取密封措施。连接螺钉的直径应不小于 5mm，螺钉数量应经计算确定且每个连接点不少于 3 个，螺钉与型材的连接长度宜不小于 40mm。不应采用沉头或半沉头螺钉。

2）单元板块与主体结构锚固连接的组件应可三维调节，三个方向的调节量均不小于 20mm。

3）单元板块与连接挂件间宜设置成绕水平轴可相对转动的构造形式。

4）单元式幕墙挂件及锚固连接件应经计算确定。

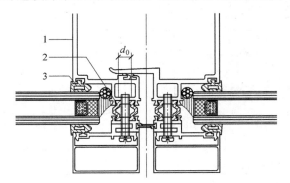

图 4-24　明框双肢穿条式隔热条构造示意图
1—立柱　2—隔热条　3—密封胶条

5）单元板块间的过桥型材应计算上下左右单元的传递荷载，满足强度及刚度要求。

6）单元板块与主体结构连接的构造节点，应按荷载传递途径建立计算模型进行强度校核，并符合规范要求。螺栓连接应符合规范规定。

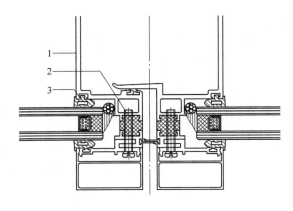

图 4-25　明框单肢浇注式隔热条构造示意图
1—立柱　2—隔热条　3—密封胶条

4.3.2　单元式玻璃幕墙施工

1. 单元式玻璃幕墙加工制作工艺

1）在加工前应对各板块编号，并应注明加工、运输、安装方向和顺序。

2）单元板块的构件连接应牢固，构件连接处的缝隙应采用硅酮建筑密封胶密封，胶缝

93

的施工应符合《玻璃幕墙工程技术规范》的要求。

3）单元板块的吊挂件、支撑件应具备可调整范围，并应采用不锈钢螺栓将吊挂件与立柱固定牢固，固定螺栓不得少于2个。

4）单元板块的硅酮结构密封胶不宜外露。

5）明框单元板块在搬动、运输、吊装过程中，应采取措施防止玻璃滑动或变形。

6）单元板块组装完成后，工艺孔宜封堵，通气孔及排水孔应畅通。

7）当采用自攻螺钉连接单元组件时，每处螺钉不应少于3个，螺钉直径不应小于4mm。螺钉孔径和拧入扭矩应符合表4-1的要求。

表4-1　螺钉孔径和扭矩要求

螺钉公称直径/mm	孔　径/mm		扭矩/N·m
	最　小	最　大	
4.2	3.430	3.480	4.4
4.6	4.015	4.065	6.3
5.5	4.735	4.785	10.0
6.3	5.475	5.525	13.6

单元组件加工制作允许偏差应符合表4-2的要求。

表4-2　单元组件加工制作允许偏差　　　　　　（单位：mm）

序号	项　　目		允许偏差	检查方法
1	框长（宽）度尺寸	≤2000	±1.5	钢尺或板尺
		>2000	±2.0	
2	分格长（宽）度尺寸	≤2000	±1.5	钢尺或板尺
		>2000	±2.0	
3	对角线长度差	≤2000	±2.5	钢尺或板尺
		>2000	±3.5	
4	接缝高低差		≤0.5	游标卡尺
5	接缝间隙		≤0.5	塞尺
6	框面划伤		≤3处且总长≤100mm	观察
7	框料擦伤		≤3处且总面积≤100mm^2	观察

单元组件组装允许偏差应符合表4-3的要求。

2. 吊装机具准备

1）应根据单元板块选择适当的吊装机具，并与主体结构安装牢固。

2）吊装机具使用前，应进行全面的质量、安全检验。

94

表 4-3　单元组件组装允许偏差　　　　　（单位：mm）

序号	项　　目		允许偏差	检查方法
1	框长（宽）度尺寸	≤2000	±1.5	钢尺或板尺
		>2000	±2.0	
2	组件线长度差	≤2000	±2.5	钢尺或板尺
		>2000	±3.5	
3	胶缝宽度		0 ~ +1.0	卡尺或钢板尺
4	胶缝厚度		0 ~ +0.5	卡尺或钢板尺
5	搭接量（与设计值比）		≤0.5	钢板尺
6	组件平面度		≤1.5	塞尺
7	组件内镶板间接缝宽度（与设计值比）		±1.0	塞尺
8	连接构件竖向轴线距组件外表面（与设计值比）		±1.0	钢尺
9	连接构件水平轴线距组件水平对插中心线		±1.0	钢尺
10	连接构件竖向轴线距组件竖向对插中心线		±1.0	钢尺
11	两连接构件中心线水平距离		±1.0	钢尺
12	两连接件上、下端水平距离差		±0.5	钢尺
13	两连接件上、下端对角线差		±1.0	钢尺

3）吊装设计应使其在吊装中与单元板块之间不产生水平方向分力。

4）吊装运行速度应可控制，并有安全保护措施。

5）吊装机具应采取防止单元板块摆动的措施。

3. 构件运输

1）运输前单元板块应顺序编号，并做好成品保护。

2）装卸及运输过程中，应采用有足够承载力和刚度的周转架，衬垫弹性垫，保证板块相互隔开并相对固定，不得相互挤压和窜动。

3）超过运输允许尺寸的单元板块，应采取特殊措施。

4）单元板块应按顺序摆放平稳，不应造成板块或型材变形。

5）运输过程中，应采取措施减小颠簸，明框幕墙玻璃应防止窜动。

4. 堆放单元板块

1）宜设置专用堆放场地，并应有安全保护措施。

2）宜存放在周转架上。

3）应依照安装顺序先出后进的原则按编号排列放置。

4）不应直接叠层堆放。

5）不宜频繁装卸。

5. 起吊和就位

1）吊点和挂点应符合设计要求，吊点不应少于 2 个。必要时可增设吊点加固措施并试吊。

2）起吊单元板块时，应使各吊点均匀受力，起吊过程应保持单元板块平稳。

3）吊装升降和平移应使单元板块不摆动、不撞击其他物体。

4）吊装过程应采取措施保证装饰面不受磨损和挤压。

5）单元板块就位时，应先将其挂到主体结构的挂点上，板块未固定前吊具不得拆除。

6）单元板块的吊装方式有内抽式和外挂式。

① 内抽式的安装方式如图4-26所示。

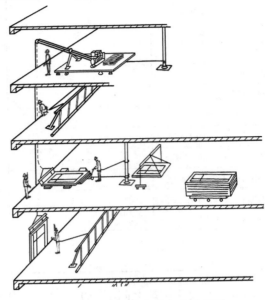

图 4-26　内抽式安装方式示意图

② 外挂式的安装方式如图4-27所示。

6. 校正及固定

1）单元板块就位后应及时校正。

2）单元板块校正后应及时与连接部位固定，并应进行隐蔽工程验收。

3）单元式幕墙安装固定后尺寸偏差应符合规范要求。

4）单元板块固定后，方可拆除吊具，并应及时清洁单元板块的型材槽口。

5）施工中如果暂停安装，应将对插槽口等部位进行保护，安装完毕的单元板块应及时进行成品保护。

7. 填塞保温、防火材料

幕墙内表面与建筑物的梁柱间，四周均有约

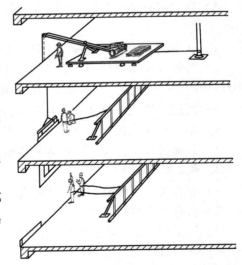

图 4-27　外挂式安装方式示意图

200mm 的间隙，这些间隙要按防火要求进行收口处理，用轻质防火材料充塞严实。空隙上封铝合金装饰板，下封大于1.5mm厚镀锌钢板，并宜在幕墙后面粘贴黑色非燃织品。

施工时，必需使轻质耐火材料与幕墙内侧锡箔纸接触部位粘结严实，不得有间隙，不得松动，否则达不到防火和保温要求。

4.4   点式玻璃幕墙构造与施工

4.4.1   点式玻璃幕墙构造

1. 点式玻璃幕墙的概念和特点

由玻璃面板、点支撑装置和支撑结构构成的玻璃幕墙称为点式玻璃幕墙。其特点：效果通透，可使室内空间和室外环境自然和谐；构件精巧，结构美观，实现了精美的金属构件与玻璃装饰艺术的完美融合；支承结构多样，可满足不同建筑结构和装饰效果的需要。它的缺点是不易实现开启通风及工程造价偏高。

2. 点式玻璃幕墙的结构类型

点式玻璃幕墙的结构类型包括玻璃肋点支式玻璃幕墙、钢桁架点支式玻璃幕墙、拉索点支式玻璃幕墙等。

1）玻璃肋点支式玻璃幕墙如图 4-28 所示。

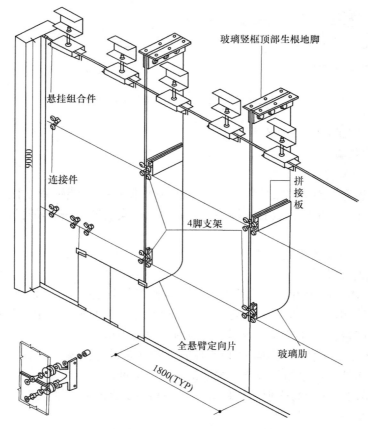

图 4-28   玻璃肋点支式玻璃幕墙示意图

2）钢桁架点支式玻璃幕墙如图 4-29 所示。

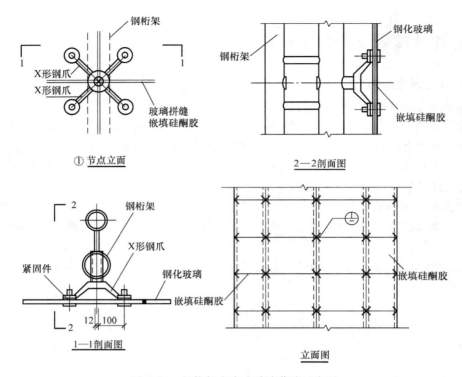

图 4-29 钢桁架点支式玻璃幕墙示意图

3）拉索点支式玻璃幕墙如图 4-30 所示。

4.4.2 点式玻璃幕墙施工

1. 点式玻璃幕墙的施工工艺流程

施工工艺流程为：现场测量放线→安装（预埋）铁件→安装钢管立柱→安装钢管横梁→安装不锈钢拉杆→钢结构检查验收→除锈、刷油漆→安装玻璃→玻璃打胶→清理玻璃表面→竣工验收。

2. 点支承玻璃幕墙的安装工艺

（1）钢结构的安装

1）安装前，应根据甲方提供的基础验收资料复核各项数据，并标注在检测资料上。预埋件、支座面和地脚螺栓的位置、标高尺寸偏差应符合相关的技术规定及验收规范，钢柱脚下的支承预埋件应符合设计要求，需填垫钢板时，每叠不得多于 3 块。

2）钢结构的复核定位应使用轴线控制控制点和测量的标高基准点，保证幕墙主要竖向构件及主要横向构件的尺寸偏差符合有关规范及行业标准的规定。

3）构件安装时，对容易变形的构件应做强度和稳定性验算，必要时采取加固措施，安装后构件应具有足够的强度和刚度。

4）确定几何位置的主要构件，如柱、桁架等应吊装在设计位置上，在松开吊挂设备后应做初步校正，构件的连接头必须经过检查合格后，方可紧固和焊接。

5）对焊缝要进行打磨，消除棱角和夹角，达到平滑过渡。钢结构表面应根据设计要求喷涂防锈、防火漆，或进行其他表面处理。

6）对于拉杆及拉索结构体系，应保证支承杆位置的准确，一般允许偏差为 ±1mm，紧

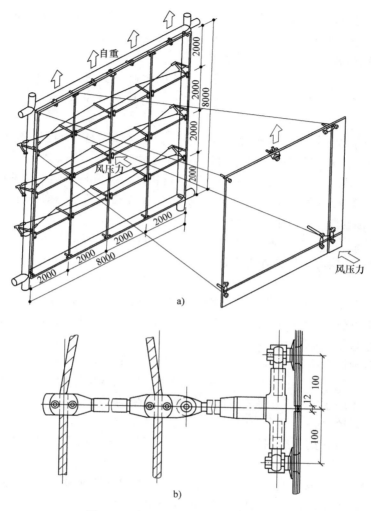

图4-30　拉索点支式玻璃幕墙示意图

a）立体图　b）索系与玻璃连接

固拉杆（索）或调整尺寸偏差时，宜采用先左后右、由上至下的顺序，逐步固定支承杆位置，以单元控制的方法调整校核，消除尺寸偏差，避免误差积累。

7）支承钢爪安装：支承钢爪安装时，要保证安装偏差在±1mm以内，在玻璃重量作用下，支承钢爪系统会有位移，可用以下两种方法进行调整。

① 如果位移量较小，可以通过驳接件自行适应，要考虑支承杆有适当的位移能力。

② 如果位移量较大，可在结构上加上等同于玻璃重量的预加载荷，待钢结构位移后再逐渐安装玻璃。无论在安装时，还是在偶然事故时，都要防止在玻璃重量下，支承钢爪安装点发生过大移位，所以支承钢爪必须通过高抗张力螺栓、销钉、楔销固定。支承钢爪的支承点宜设置球铰，支承点的连接方式不应阻碍面板的弯曲变形。

（2）拉索及支撑杆的安装

1）拉索和支撑杆的安装过程中要掌握好施工顺序，安装必须按"先上后下，先竖后

99

横"的原则进行安装。

① 竖向拉索的安装：根据图纸给定的拉索长度尺寸加 1～3mm，从顶部结构开始挂索呈自由状态，待全部竖向拉索安装结束后进行调整，调整顺序也是先上后下。待竖向拉索安装结束后按尺寸控制单元逐层将支撑杆调整到位。

② 横向拉索的安装：待竖向拉索安装调整到位后连接横向拉索，横向拉索在安装前应先按图纸给定的长度尺寸加长 1～3mm，先上后下，各单元逐层安装，待全部安装结束后调整到位。

2）支撑杆的定位、调整：在支撑杆的安装过程中必须对杆件的安装定位几何尺寸进行校核，前后索长度尺寸严格按图纸尺寸调整，保证支撑连接杆与玻璃平面的垂直度。调整以单元控制点为基准对每一个支撑杆的中心位置进行核准。确保每个支撑杆的前端与玻璃平面保持一致，整个平面度的误差应控制在 ≤5mm/3m。在支撑杆调整时要采用"定位头"来保证支撑杆与玻璃的距离和中心定位的准确。

3）拉索的预应力设定与检测：用于固定支撑杆的横向和竖向拉索在安装和调整过程中必须提前设置合理的内应力值，才能保证在玻璃安装后受自重荷载的作用结构变形在允许的范围内。

① 竖向拉索内预拉值的设定主要考虑以下几个方面：一是玻璃与支承系统的自重；二是拉索螺纹和钢索转向的摩擦阻力；三是连接拉索、锁头、销头所允许承受拉力的范围；四是支承结构所允许承受的拉力范围。

② 横向拉索预拉力值的设定主要考虑以下几个方面：一是校准竖向索偏拉所需的力；二是校准竖向桁架偏差所需的力；三是螺纹的摩擦力和钢索转向的摩擦力；四是拉索、锁头、耳板所允许承受的拉力；五是支承结构所允许承受的力。

③ 索的内力设置是采用扭力扳手通过螺纹产生力，用扭矩来控制拉杆内应力的大小。

④ 在安装调整拉索结束后用扭力扳手进行扭力设定和检测，通过对照扭力表的读数来校核扭矩值。

4）配重检测：由于玻璃幕墙的自重荷载和所受力的其他荷载都是通过支撑杆传递到支撑结构上的，为确保结构安装后在玻璃安装时拉杆系统的变形在允许范围内，必须对支撑杆进行配重检测。

① 配重检测应按照单元设置，配重的重量为玻璃在支撑杆上所产生的重力荷载乘系数 1～1.2，配重后结构的变形应小于 2mm。

② 配重物的施加应逐级进行，每加一级要对支撑杆的变形量进行一次检测，一直到全部配重物施加在支撑杆上，测量出其变形情况，并在配重物卸载后测量变形复位情况，进行详细记录。

（3）驳接系统的固定与安装

1）驳接座的安装。在结构调整结束后按照控制单元所控制的驳接座安装点进行驳接座的安装，对结构偏移所造成的安装点误差可用偏心座和偏心头来校正。

2）驳接爪的安装。在驳接座焊接安装结束后开始定位驳接爪，将驳接爪的受力孔向下，并用水平尺校准两横向孔的水平度（两水平孔偏差应小于 0.5mm），配钻定位销孔，安装定位销（图 4-31）。

点支式玻璃幕墙钢爪的安装施工应符合下列要求：

① 钢爪安装前，应精确定出其安装位置，钢爪的允许偏差应符合设计要求。

② 钢爪装入后应能进行三维调整，并应能减少或消除结构平面变形和温差的影响。

③ 钢爪安装完成后，应对钢爪的位置进行检验。

④ 钢爪与玻璃点连接件的固定应采用力矩扳手，力矩的控制应符合设计要求及有关规定。力矩扳手应定期进行力矩检测。

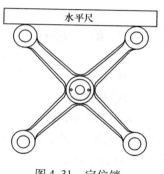

图 4-31　定位销

3）驳接头的安装。驳接头在安装之前要对其螺纹的松紧度、头与胶垫的配合情况进行 100% 的检查。先将驳接头的前部安装在玻璃的固定孔上并销紧，确保每个驳接头内的衬垫齐全，使金属与玻璃隔离，保证玻璃的受力部分为面接触，并保证锁紧环锁紧密封，锁紧扭矩为 $10N \cdot m$，在玻璃吊装到位后将驳接头的尾部与驳接爪相互连接并锁紧，同时要注意玻璃的内侧与驳接爪的定位距离在规定范围内（图 4-32）。

（4）玻璃的安装

1）安装前应检查校对钢结构的垂直度、标高、横梁的高度和水平度等是否符合设计要求，特别要注意安装孔位的复查。

2）安装前必须用钢刷局部清洁钢槽表面及槽底泥土、灰尘等杂物，点支承玻璃底部 U 形槽应装入氯丁橡胶垫块，对应于玻璃支承面宽度边缘左右 1/4 处各放置垫块。

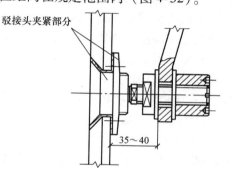

驳接头夹紧部分

$35 \sim 40$

图 4-32　玻璃的内侧与驳接爪的
定位距离控制

3）玻璃到达施工现场后，由现场质检员与安装组长对玻璃的表面质量、公称尺寸进行 100% 的检测。同时使用玻璃边缘应力仪对玻璃的钢化情况进行全检。玻璃安装顺序可先上后下，逐层安装调整。

4）安装前，应清洁玻璃及吸盘上的灰尘，根据玻璃重量及吸盘规格确定吸盘个数。

5）安装前，应检查支承钢爪的安装位置是否准确，确保无误后方可安装玻璃。

6）现场安装玻璃时，应先将支承头与玻璃在安装平台上装配好，然后再与支承钢爪进行安装。为确保支承处的气密性和水密性，必须使用扭矩扳手。应根据支承系统的具体规格尺寸来确定扭矩大小，按标准安装玻璃时，应始终将玻璃悬挂在上部的两个支承头上。

7）现场组装后，应调整上下左右的位置，保证玻璃水平偏差在允许范围内。

8）玻璃全部调整好后，应进行整体立面整平的检查，确认无误后才能进行打胶密封。

（5）打胶

1）在玻璃安装调整结束后进行打胶，使玻璃的缝隙密封。

2）打胶顺序是先上后下、先竖向后横向。

3）打胶过程应注意事项：先清洗玻璃，特别是玻璃边部与胶连接处的污迹要清洗擦干，在贴美纹纸后要在 24h 之内打胶并及时处理，打好的胶不得有外溢、毛刺等现象。

4.5 全玻幕墙构造与施工

由玻璃面板和玻璃肋构成的建筑幕墙称为全玻璃幕墙（full glass curtain wall）。

4.5.1 全玻幕墙构造

（1）全玻幕墙的分类

1）坐落式全玻幕墙。当全玻幕墙的高度较低时，可以采用坐落式安装。这种幕墙的通高玻璃板和玻璃肋上下均镶嵌在槽内，玻璃直接支撑在下部槽内的支座上，上部镶嵌玻璃的槽与玻璃之间留有空隙，使玻璃有伸缩的余地。这种做法构造简单、工序较少、造价较低，但只适用于建筑物层高较小的情况。

2）吊挂式全玻幕墙。为了提高玻璃的刚度、安全性和稳定性，避免产生压屈破坏，在超过一定高度的通高玻璃上部设置专用的金属夹具，将玻璃和玻璃肋吊挂起来形成玻璃墙面，这种玻璃幕墙称为吊挂式全玻幕墙。

吊挂式全玻幕墙的下部需镶嵌在槽口内，以利于玻璃板的伸缩变形。吊挂式全玻幕墙的玻璃尺寸和厚度，要比坐落式全玻幕墙的大，而且构造复杂、工序较多，因此造价也较高。

根据工程实践证明，下列情况可采用吊挂式全玻幕墙：玻璃厚度为10mm，幕墙高度在4~5m时；玻璃厚度为12mm，幕墙高度在5~6m时；玻璃厚度为15mm，幕墙高度在6~8m时；玻璃厚度为19mm，幕墙高度在8~10m时。

（2）全玻幕墙的构造

1）坐落式全玻幕墙的构造。坐落式玻璃幕墙的构造组成为：上下金属夹槽、玻璃板、玻璃肋、弹性垫块、聚乙烯泡沫垫杆或橡胶嵌条、连接螺栓、硅酮结构胶及耐候胶等，如图4-33a所示。

玻璃肋应垂直于玻璃板面布置，间距根据设计计算而确定。图4-33b为坐落式全玻幕墙平面示意图，从图中可看到玻璃肋均匀设置在玻璃板面的一侧，并与玻璃板垂直相交，玻璃竖缝嵌填结构胶或耐候胶。玻璃肋的布置方式有以下几种：

① 后置式。后置式是玻璃肋置于玻璃板的后部，用密封胶与玻璃板黏结成一个整体，如图4-34a所示。

② 骑缝式。骑缝式是玻璃肋位于两玻璃板的板缝位置，在缝隙处用密封胶将三块玻璃黏结起来，如图4-34b所示。

③ 平齐式。平齐式玻璃肋位于两块玻璃之间，玻璃肋前端与玻璃板面平齐，两侧缝隙用密封胶嵌填、黏结，如图4-34c所示。

④ 突出式。突出式玻璃肋夹在两玻璃板中间，两侧均突出玻璃表面，两面缝隙内用密封胶嵌填、黏结，如图4-34d所示。

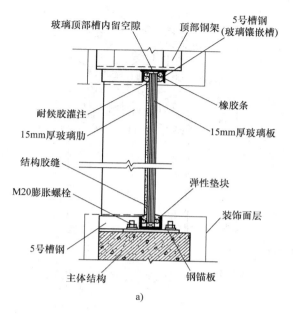

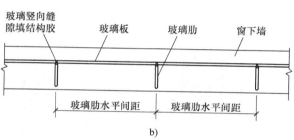

图 4-33　坐落式全玻幕墙构造示意图

a）构造示意图　b）平面示意图

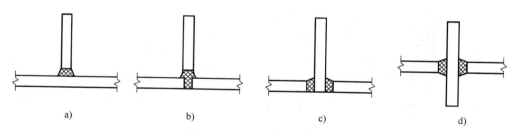

图 4-34　玻璃肋的布置方式

a）后置式　b）骑缝式　c）平齐式　d）突出式

2）吊挂式全玻幕墙构造。当幕墙的玻璃高度超过一定数值时，适宜采用吊挂式全玻幕墙。其构造做法如图 4-35、图 4-36 所示。

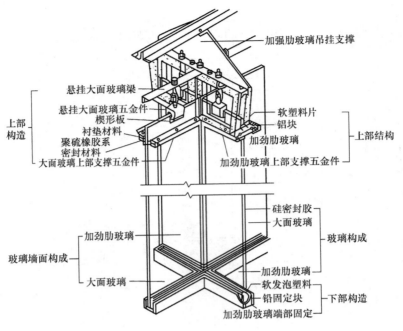

图 4-35　吊挂式全玻幕墙构造

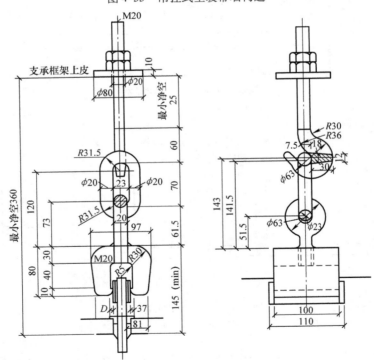

图 4-36　全玻幕墙吊具构造

3）全玻幕墙的玻璃定位嵌固

① 干式嵌固。干式嵌固是指在固定玻璃时，采用密封条嵌固的安装方法，如图 4-37a

所示。

② 湿式嵌固。湿式嵌固是指当玻璃插入金属槽内、填充垫条后，采用密封胶（如硅酮密封胶等）注入玻璃、垫条和槽壁之间的空隙，凝固后将玻璃固定的方法，如图 4-37b 所示。

③ 混合式嵌固。混合式嵌固是指在放入玻璃前先在金属槽内一侧装入密封条，然后再放入玻璃，在另一侧注入密封胶的安装方法，是以上两种方法的结合，如图 4-37c 所示。

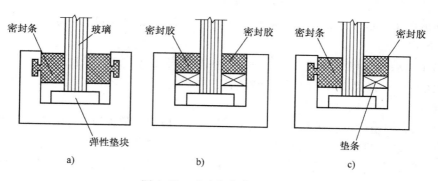

图 4-37　玻璃定位嵌固方法
a）干式嵌固　b）湿式嵌固　c）混合式嵌固

4.5.2　全玻幕墙施工

现以吊挂式全玻幕墙为例，说明全玻幕墙的施工工艺。

全玻幕墙的施工工艺流程：定位放线→上部钢架安装→下部和侧面嵌槽安装→玻璃肋、玻璃板安装就位→嵌固及注入密封胶→表面清洗和验收。

（1）定位放线　定位放线方法与有框玻璃幕墙相同。使用经纬仪、水准仪等测量设备，配合标准钢卷尺、重锤、水平尺等复核主体结构轴线、标高及尺寸，对原预埋件位置进行检查、复核。

（2）上部钢架安装　上部钢架用于安装玻璃吊具的支架，强度和稳定性要求都比较高，应使用热渗镀锌钢材，严格按照设计要求制作、施工。在安装过程中，应注意以下事项：

1）钢架安装前要检查预埋件或钢锚板的质量是否符合设计要求，锚栓位置离开混凝土外缘不小于 50mm。

2）相邻柱间的钢架、吊具的安装必须通顺平直，吊具螺杆的中心线在同一铅垂面内，应分段拉通线检查、复核，吊具的间距应均匀一致。

3）钢架应进行隐蔽工程验收，需要经监理单位有关人员验收合格后，方可对施焊处进行防锈处理。

（3）下部和侧面嵌槽安装　嵌固玻璃的槽口应采用型钢，如尺寸较小的槽钢等，应与预埋件焊接牢固，验收后做防锈处理。下部槽口内每块玻璃的两角附近放置两块氯丁橡胶垫块，长度不小于 100mm。

（4）玻璃板的安装　玻璃板安装时的主要工序包括：

1）检查玻璃。在将要吊装玻璃前，需要再一次检查玻璃质量，尤其注意检查有无裂纹和崩边，检查黏结在玻璃上的铜夹片位置是否正确，用干布将玻璃表面擦干净，用记号笔做好中心标记。

2）安装电动玻璃吸盘。玻璃吸盘要对称吸附于玻璃面上，吸附必须牢固。

3）安装完毕后，先进行试吸，即将玻璃试吊起 2～3m，检查各个吸盘的牢固度，试吸成功才能正式吊装玻璃。

4）在玻璃适当位置安装手动吸盘、拉缆绳和侧面保护胶套。手动吸盘用于在不同高度工作的工人能够用手协助玻璃就位，拉缆绳是为玻璃在起吊、旋转、就位时，能控制玻璃的摆动，防止因风力作用和吊车转动发生玻璃失控。

5）在嵌固玻璃的上下槽口内侧粘贴低发泡垫条，垫条宽度同嵌缝胶的宽度，并且留有足够的注胶深度。

6）吊车将玻璃移动至安装位置，并将玻璃对准安装位置徐徐靠近。

7）上层的工人把握好玻璃，防止玻璃就位时碰撞钢架。等下层工人都能握住真空吸盘时，可将玻璃一侧的保护胶套去掉。

上层工人利用吊挂电动吸盘的手动吊链慢慢吊起玻璃，使玻璃下端略高于下部槽口，此时下层工人应及时将玻璃轻轻拉入槽内，并利用木板遮挡防止碰撞相邻玻璃。

另外，有人用木板轻轻托扶玻璃下端，保证在吊链慢慢下放玻璃时，能准确落入下部的槽口中，并防止玻璃下端与金属槽口碰撞。

8）玻璃定位。安装好玻璃夹具，各吊杆螺栓应在上部钢架的定位处，并与钢架轴线重合，上下调节吊挂螺栓的螺钉，使玻璃提升和准确就位。第一块玻璃就位后要检查其侧边的垂直度，以后玻璃只需要检查其缝隙宽度是否相等，符合设计尺寸即可。

9）做好上部吊挂后，嵌固上下边框槽口外侧的垫条，使安装好的玻璃嵌固到位。

（5）灌注密封胶

1）在灌注密封胶之前，所有注胶部位的玻璃和金属表面，均用丙酮或专用清洁剂擦拭干净，但不得用湿布和清水擦洗，所有注胶面必须干燥。

2）为确保幕墙玻璃表面清洁美观，防止在注胶时污染玻璃，在注胶前需要在玻璃上粘贴美纹纸加以保护。

3）安排受过训练的专业注胶工人施工，注胶时内外两侧同时进行。注胶的速度要均匀，厚度要一致，不要夹带气泡。

4）耐候硅酮胶的施工厚度为 3.5～4.5mm，胶缝太薄对保证密封性能不利。

5）胶缝厚度应遵守设计中的规定，结构硅酮胶必须在产品有效期内使用。

（6）清洁幕墙表面　打胶后对幕墙玻璃进行清洁，拆除脚手架前进行全面检查。

（7）全玻璃幕墙施工注意事项

1）玻璃磨边。每块玻璃四周均需要进行磨边处理，不要因为上下不露边而忽视玻璃安全和质量。玻璃在吊装中下部可能临时落地受力；在玻璃上端有夹具夹固，夹具有很大的应力；吊挂后玻璃又要整体受拉，内部存在着应力。如果玻璃边缘不进行磨边，在复杂的外力、内力共同作用下，很容易产生裂缝而破坏。

2）夹持玻璃的铜夹片一定要用专用胶黏结牢固，密实且无气泡，并按说明书要求充分养护后才可进行吊装。

3）在安装玻璃时应严格控制玻璃板面的垂直度、平整度及玻璃缝隙尺寸，使之符合设计及规范要求，并保证外观效果的协调、美观。

4.6 玻璃幕墙质量验收

主要包括建筑高度不大于150m、抗震设防烈度不大于8度的隐框玻璃幕墙、半隐框玻璃幕墙、明框玻璃幕墙、全玻璃幕墙及点支承玻璃幕墙工程。

1. 主控项目

1）玻璃幕墙工程所使用的各种材料、构件和组件的质量，应符合设计要求及国家现行产品标准和工程技术规范的规定。

检验方法：检查材料、构件、组件的产品合格证书、进场验收记录、性能检测报告和材料的复验报告。

2）玻璃幕墙的造型和立面分格应符合设计要求。

检验方法：观察；尺量检查。

3）玻璃幕墙使用的玻璃应符合下列规定：

① 幕墙应使用安全玻璃，玻璃的品种、规格、颜色、光学性能及安装方向应符合设计要求。

② 幕墙玻璃的厚度不应小于6.0mm。全玻璃幕墙肋玻璃的厚度不应小于12mm。

③ 幕墙的中空玻璃应采用双道密封。明框幕墙的中空玻璃应采用聚硫密封胶及丁基密封胶；隐框和半隐框幕墙的中空玻璃应采用硅酮结构密封胶及丁基密封胶；镀膜面应在中空玻璃的第二或第三面上。

④ 幕墙的夹层玻璃应采用聚乙烯醇缩丁醛（PVB）胶片干法加工。点支承玻璃幕墙夹层胶片（PVB）厚度不应小于0.76mm。

⑤ 钢化玻璃表面不得有损伤；厚度8.0mm以下的钢化玻璃应进行引爆处理。

⑥ 所有幕墙玻璃均应进行边缘处理。

检验方法：观察；尺量检查；检查施工记录。

本条规定幕墙应使用安全玻璃，安全玻璃是指夹层玻璃和钢化玻璃，但不包括半钢化玻璃。夹层玻璃是一种性能良好的安全玻璃，它的制作方法是用聚乙烯醇缩丁醛胶片（PVB）将两块玻璃牢固地粘结起来，受到外力冲击时，玻璃碎片粘在PVB胶片上，可以避免飞溅伤人。钢化玻璃是普通玻璃加热后急速冷却形成的，被打破时变成很多细小无锐角的碎片，不会造成割伤。半钢化玻璃虽然强度也比较大，但其破碎时仍然会形成锐利的碎片，因而不属于安全玻璃。

4）玻璃幕墙与主体结构连接的各种预埋件、连接件、紧固件必须安装牢固，其数量、规格、位置、连接方法和防腐处理应符合设计要求。

检验方法：观察；检查隐蔽工程验收记录和施工记录。

5）各种连接件、紧固件的螺栓应有防松动措施；焊接连接应符合设计要求和焊接规范的规定。

检验方法：观察；检查隐蔽工程验收记录和施工记录。

6）隐框或半隐框玻璃幕墙，每块玻璃下端应设置两个铝合金或不锈钢托条，其长度不应小于100mm，厚度不应小于2mm，托条外端应低于玻璃外表面2mm。

检验方法：观察；检查施工记录。

7）明框玻璃幕墙的玻璃安装应符合下列规定：

① 玻璃槽口与玻璃的配合尺寸应符合设计要求和技术标准的规定。

② 玻璃与构件不得直接接触，玻璃四周与构件凹槽底部应保持一定的空隙，每块玻璃下部应至少放置两块宽度与槽口宽度相同、长度不小于100mm 的弹性定位垫块；玻璃两边嵌入量及空隙应符合设计要求。

③ 玻璃四周橡胶条的材质、型号应符合设计要求，镶嵌应平整，橡胶条长度应比边框内槽长 1.5% ~ 2.0%，橡胶条在转角处应斜面断开，并应用粘结剂粘结牢固后嵌入槽内。

检验方法：观察；检查施工记录。

8）高度超过 4m 的全玻璃幕墙应吊挂在主体结构上，吊夹具应符合设计要求，玻璃与玻璃、玻璃与玻璃肋之间的缝隙，应采用硅酮结构密封胶填嵌严密。

检验方法：观察；检查隐蔽工程验收记录和施工记录。

9）点支承玻璃幕墙应采用带万向头的活动不锈钢爪，其钢爪间的中心距离应大于 250mm。

检验方法：观察；尺量检查。

10）玻璃幕墙四周、玻璃幕墙内表面与主体结构之间的连接节点、各种变形缝、墙角的连接节点应符合设计要求和技术标准的规定。

检验方法：观察；检查隐蔽工程验收记录和施工记录。

11）玻璃幕墙应无渗漏。

检验方法：在易渗漏部位进行淋水检查。

12）玻璃幕墙结构胶和密封胶的打注应饱满、密实、连续、均匀、无气泡，宽度和厚度应符合设计要求和技术标准的规定。

检验方法：观察；尺量检查；检查施工记录。

13）玻璃幕墙开启窗的配件应齐全，安装应牢固，安装位置和开启方向、角度应正确；开启应灵活，关闭应严密。

检验方法：观察；手扳检查；开启和关闭检查。

14）玻璃幕墙的防雷装置必须与主体结构的防雷装置可靠连接。

检验方法：观察；检查隐蔽工程验收记录和施工记录。

2. 一般项目

1）玻璃幕墙表面应平整、洁净；整幅玻璃的色泽应均匀一致；不得有污染和镀膜损坏。

检验方法：观察。

2）每平方米玻璃的表面质量和检验方法应符合表 4-4 的规定。

表 4-4 每平方米玻璃的表面质量和检验方法

项次	项目	质量要求	检验方法
1	明显划伤和长度 >100mm 的轻微划伤	不允许	观察
2	长度 ≤100mm 的轻微划伤	≤8 条	用钢尺检查
3	擦伤总面积	≤500mm^2	用钢尺检查

3）一个分格铝合金型材的表面质量和检验方法应符合表 4-5 的规定。

表 4-5　一个分格铝合金型材的表面质量和检验方法

项次	项目	质量要求	检验方法
1	明显划伤和长度 >100mm 的轻微划伤	不允许	观察
2	长度 ≤100mm 的轻微划伤	≤2 条	用钢尺检查
3	擦伤总面积	≤500mm²	用钢尺检查

4）明框玻璃幕墙的外露框或压条应横平竖直，颜色、规格应符合设计要求，压条安装应牢固。单元玻璃幕墙的单元拼缝或隐框玻璃幕墙的分格玻璃拼缝应横平竖直、均匀一致。

检验方法：观察；手扳检查；检查进场验收记录。

5）玻璃幕墙的密封胶缝应横平竖直、深浅一致、宽窄均匀、光滑顺直。

检验方法：观察；手摸检查。

6）防火、保温材料填充应饱满、均匀，表面应密实、平整。

检验方法：检查隐蔽工程验收记录。

7）玻璃幕墙隐蔽节点的遮封装修应牢固、整齐、美观。

检验方法：观察；手扳检查。

8）明框玻璃幕墙安装的允许偏差和检验方法应符合表 4-6 的规定。

表 4-6　明框玻璃幕墙安装的允许偏差和检验方法

项次	项目		允许偏差/mm	检验方法
1	幕墙垂直度	幕墙高度 ≤30m	10	用经纬仪检查
		30m < 幕墙高度 ≤60m	15	
		60m < 幕墙高度 ≤90m	20	
		幕墙高度 >90m	25	
2	幕墙水平度	幕墙幅宽 ≤35m	5	用水平仪检查
		幕墙幅宽 >35m	7	
3	构件直线度		2	用2m靠尺和塞尺检查
4	构件水平度	构件长度 ≤2m	2	用水平仪检查
		构件长度 >2m	3	
5	相邻构件错位		1	用钢直尺检查
6	分格框对角线长度差	对角线长度 ≤2m	3	用钢尺检查
		对角线长度 >2m	4	

9）隐框、半隐框玻璃幕墙安装的允许偏差和检验方法应符合表 4-7 的规定。

表 4-7 隐框、半隐框玻璃幕墙安装的允许偏差和检验方法

项次	项目		允许偏差/mm	检验方法
1	幕墙垂直度	幕墙高度≤30m	10	用经纬仪检查
		30m＜幕墙高度≤60m	15	
		60m＜幕墙高度≤90m	20	
		幕墙高度＞90m	25	
2	幕墙水平度	层高≤3m	3	用水平仪检查
		层高＞3m	5	
3	幕墙表面平整度		2	用2m靠尺和塞尺检查
4	板材立面垂直度		2	用垂直检测尺检查
5	板材上沿水平度		2	用1m水平尺和钢直尺检查
6	相邻板材板角错位		1	用钢直尺检查
7	阳角方正		2	用直角检测尺检查
8	接缝直线度		3	拉5m线，不足5m拉通线，用钢直尺检查
9	接缝高低差		1	用钢直尺和塞尺检查
10	接缝宽度		1	用钢直尺检查

 小　　结

　　面板材料是玻璃的建筑幕墙称为玻璃幕墙。玻璃幕墙包括有骨架体系和无骨架（无框式）体系两大类。有骨架体系可分为明框玻璃幕墙、隐框玻璃幕墙和半隐框玻璃幕墙。无骨架（无框式）玻璃幕墙体系又包括点支承玻璃幕墙和全玻璃幕墙。按照施工方法，玻璃幕墙又分为元件式和单元式玻璃幕墙。

　　元件式幕墙是框支承幕墙的一种，它的主要特点是所有支承结构材料都是以散件运到施工现场，在施工现场依次安装完成，是目前市场上生产规模最大，也是技术最成熟的一种传统幕墙。

　　单元式幕墙由各种墙面板与支撑框架在工厂制成完整的幕墙结构基本单位，直接安装在主体结构上。单元式幕墙在工厂车间内将加工好的各种构件和饰面材料组装成一层或多层楼高的单元板块，运至工地进行整体吊装，与主体结构上的预埋件精确连接。

　　由玻璃面板、点支撑装置和支撑结构构成的玻璃幕墙称为点支式玻璃幕墙。点支式玻璃幕墙效果通透，可使室内空间和室外环境自然和谐；构件精巧，结构美观，实现了精美的金属构件与玻璃装饰艺术的完美融合；支承结构多样，可满足不同建筑结构和装饰效果的需要。

　　由玻璃面板和玻璃肋构成的建筑幕墙称为全玻幕墙。全玻幕墙包括坐落式全玻幕墙和吊挂式全玻幕墙。

　　玻璃幕墙工程所使用的各种材料、构件和组件的质量，构造特点和施工工艺应符合设计要求及国家现行产品标准和工程技术规范的规定。

思　考　题

1. 玻璃幕墙按照构造分类有哪些？
2. 元件式隐框玻璃幕墙的构造组成有哪些？
3. 简述元件式隐框玻璃幕墙的施工工艺。
4. 单元式玻璃幕墙的构造组成有哪些？
5. 简述单元式玻璃幕墙的施工工艺。
6. 点支式玻璃幕墙的构造组成有哪些？
7. 简述点支式玻璃幕墙的施工工艺。
8. 全玻幕墙的构造组成有哪些？
9. 简述全玻幕墙的施工工艺。
10. 玻璃幕墙的质量验收要点是什么？
11. 全隐框玻璃幕墙的隐蔽验收项目有哪些？

项 目 实 训

1. 实训目的

通过课堂学习结合课下实训达到熟练掌握玻璃幕墙工程项目技术交底、施工准备、材料制备、施工操作和质量验收整个运行过程施工操作要点和国家相应的规范要求，提高学生进行玻璃幕墙工程技术管理的综合能力。

2. 实训内容

进行玻璃幕墙工程的装饰施工实训（指导教师选择一个真实的施工现场或学校实训工厂，带学生实地操作实训），熟悉玻璃幕墙工程施工的基本知识，从技术交底、施工准备、材料制备、施工操作和质量验收全程模拟训练，熟悉玻璃幕墙工程施工操作要点和国家相应的规范要求。

3. 实训要点

1）通过对玻璃幕墙工程施工项目的运行与实训，加深对玻璃幕墙工程相关国家标准的理解，掌握玻璃幕墙工程施工过程和工艺要点，进一步加强对专业知识的理解。

2）分组制定计划并实施，培养学生团队协作的能力，获取玻璃幕墙工程施工管理经验。

4. 实训过程

1）实训准备要求

① 做好实训前相关资料查阅工作，熟悉玻璃幕墙工程施工有关的规范要求。

② 准备实训所需的工具与材料。

2）实训要点

① 实训前做好技术交底。

② 制定实训计划。

③ 分小组进行实训，小组内部应有分工合作。

3）实训操作步骤

① 按照施工图要求，确定玻璃幕墙工程施工要点，并进行相应技术交底。

111

② 利用玻璃幕墙工程加工设备统一进行幕墙工程施工。

③ 在实训场地进行玻璃幕墙工程实操训练。

④ 做好实训记录和相关技术资料整理。

⑤ 进行小组互评和最终评定。

4）教师指导点评和疑难解答。

5）实地观摩。

6）进行总结。

5. 项目实训基本步骤

步骤	教师行为	学生行为
1	交代工作任务背景，引出实训项目	（1）分好小组
2	布置玻璃幕墙工程实训应做的准备工作	（2）准备实训工具、材料和场地
3	明确玻璃幕墙工程施工实训的步骤	
4	学生分组进行实训操作，教师巡回指导	完成玻璃幕墙工程实训全过程
5	指导点评实训成果	自我评价或小组评价
6	实训总结	小组总结并进行经验分享

6. 项目评估

项目：		指导老师：	
项目技能	技能达标分项	备　注	
实训报告	1. 交底完善，得 0.5 分 2. 准备工作完善，得 0.5 分 3. 操作过程准确，得 1.5 分 4. 工程质量合格，得 1.5 分 5. 分工合作合理，得 1 分	根据职业岗位、技能需求，学生可以补充完善达标项	
自我评价	对照达标分项，得 3 分为达标； 对照达标分项，得 4 分为良好； 对照达标分项，得 5 分为优秀	客观评价	
评议	各小组间互相评价，取长补短，共同进步	提供优秀作品观摩学习	

自我评价　　　　　　　　　　　　　　个人签名

小组评价　达标率_____　　　　组长签名_____

　　　　　良好率_____

　　　　　优秀率_____

　　　　　　　　　　　　　　　　　　　　　　　年　　月　　日

112

项目 5 ▶▶▶▶▶

石材和人造板幕墙构造与施工

学习目标

通过本项目的学习，要求学生掌握石材和人造板幕墙的基本概念、分类和特点，熟悉短槽式石材幕墙、背栓式石材幕墙、陶土板幕墙的构造与施工工艺；了解石材和人造板幕墙新的构造和连接方式，掌握石材幕墙施工质量验收要点。

面板材料是天然建筑石材的幕墙称为石材幕墙（natural stone curtain wall）。面板材料为人造外墙板（包括瓷板、陶土板和微晶玻璃等，不包括玻璃、金属板材）的幕墙称为人造板材幕墙（artificial panel curtain wall）。

石材幕墙按照构造来分，可包括短槽式石材幕墙、通槽式石材幕墙、钢销式石材幕墙、背栓式石材幕墙等。

（1）短槽式石材幕墙 短槽式石材幕墙是在幕墙石材侧边中间开短槽，用不锈钢挂件挂接、支撑石板的做法。短槽式做法的构造简单、技术成熟，目前应用较多。

（2）通槽式石材幕墙 通槽式石材幕墙是在幕墙石材侧边中间开通槽，嵌入和安装通长金属卡条，石板固定在金属卡条上的做法。此种做法施工复杂，开槽比较困难，目前应用较少。

（3）钢销式石材幕墙 钢销式石材幕墙是在幕墙石材侧面打孔，穿入不锈钢钢销将两块石板连接，钢销与挂件连接，将石材挂接起来的做法，这种做法目前应用也较少。

（4）背栓式石材幕墙 背栓式石材幕墙是在幕墙石材背面钻四个扩底孔，孔中安装柱锥式锚栓，然后再把锚栓通过连接件与幕墙的横梁相接。背栓式是石材幕墙的新型做法，它受力合理、维修方便、更换简单，是引进的一项新技术，目前正在推广应用。

石材幕墙是近几年国内大量应用的新技术，其在外观、安全性、耐久性、可更换性等方面具有较大的优势。它可以不受主体结构产生较大位移或温差的影响，不会在板材内部产生附加应力，从而控制了破坏状态，特别适用于高层建筑和抗震建筑。

5.1 短槽式石材幕墙构造与施工

5.1.1 短槽式石材幕墙构造

1. 石材幕墙的构造组成

石材幕墙主要由石材面板、不锈钢挂件、钢骨架（立柱和横撑）及预埋件、连接件和石材拼缝嵌胶等组成。石材幕墙的横梁、立柱等骨架，是承担主要荷载的框架，可以选用型钢或铝合金型材，并由设计计算确定其规格、型号，同时也要符合有关规范的要求。金属骨架石材幕墙的构造组成如图5-1所示。

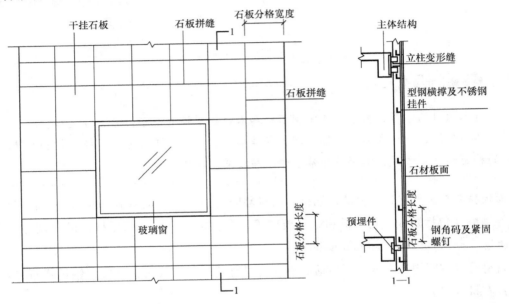

图 5-1　石材幕墙的构造组成

2. 短槽式石材幕墙构造

短槽式石材幕墙系统具有支撑体系龙骨用量少、安装工艺简单方便、安装效率高、造价较低的优点，是较传统和使用最广泛的幕墙之一，其构造如图5-2、图5-3所示。石材幕墙的防火、防雷等构造与有框玻璃幕墙基本相同。

3. 短槽式石材幕墙的缺陷和改进措施

短槽式石材幕墙的主要缺陷如下：

1）由于石材的硬度大，因此开槽时极易造成破损。

2）由于将石材一分为三，因此剩余受力石材太薄，削弱了干挂节点处的抗拉强度；嵌填于槽内的云石胶还易在石材饰面产生油渍现象。

3）只能在板的棱边处布点，受力方式不合理，而且当石材规格较大、使用高度较高时存在无法有效布点的缺陷。

4）无法更换，满足不了幕墙的需要。

以上缺陷可以通过R型组合挂件和SE型组合挂件来弥补，如图5-4所示。

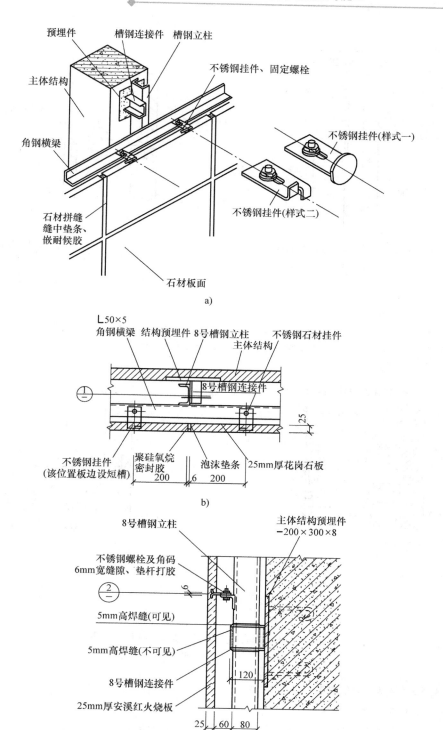

图 5-2 短槽式石材幕墙的构造 (一)

a) 立体图 b) 水平节点图 c) 竖向节点图

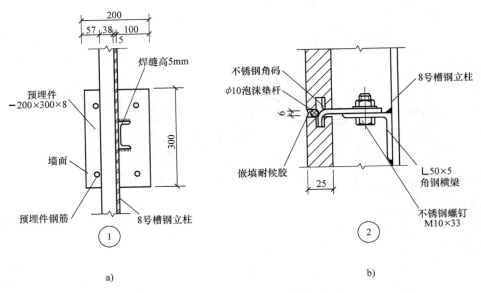

图 5-3 短槽式石材幕墙的构造（二）
a）预埋件节点图　b）横梁与石板节点图

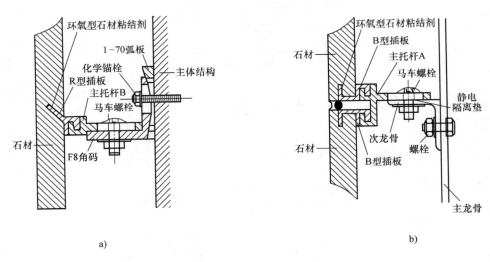

图 5-4 R 型组合挂件和 SE 型组合挂件示意图
a）R 型组合挂件　b）SE 型组合挂件

5.1.2　短槽式石材幕墙施工

1. 短槽式石材幕墙的施工工艺流程

短槽式石材幕墙的施工工艺流程为：测量放线→预埋件检查、安装→金属骨架安装→钢结构防锈漆涂刷→防火保温棉安装→石材饰面板安装→嵌胶封缝→石材幕墙表面清理保护。

2. 石材幕墙的施工方法

（1）测量放线

1）根据干挂石材幕墙施工图，结合土建施工图复核轴线尺寸、标高和水准点，并予以校正。

2）按照设计要求，在底层确定幕墙定位线和分格线位置。

3）用经纬仪将幕墙的阳角和阴角位置及标高线定出，并用固定在屋顶钢支架上的钢丝线做标志控制线。

4）使用水平仪和标准钢卷尺等引出各层标高线。

5）确定好每个立面的中线。

6）测量时应控制分配测量误差，不能使误差积累。

7）测量放线应在风力不大于 4 级情况下进行，并要采取避风措施。

8）放线定位后要对控制线定时校核，以确保幕墙垂直度和金属立柱位置的正确。

（2）预埋件检查、安装　预埋件应在进行土建工程施工时埋设，幕墙施工前要根据该工程基准轴线和中线以及基准水平点对预埋件进行检查、校核，当设计无明确要求时，一般位置尺寸的允许偏差为 ±20mm，预埋件的标高允许偏差为 ±10mm。

（3）金属骨架安装

1）根据施工放样图检查放线位置。

2）安装固定立柱上的铁件。

3）先安装同立面两端的立柱，然后拉通线顺序安装中间立柱，使同层立柱安装在同一水平位置上。

4）将各施工水平控制线引至立柱上，并用水平尺校核。

5）按照设计尺寸安装金属横梁，横梁一定要与立柱垂直。

6）钢骨架中的立柱和横梁采用螺栓连接。如采用焊接时，应对下方和临近的已完工装饰饰面进行成品保护。

7）待金属骨架完工后，应通过隐蔽工程检查后方可进行下道工序。

（4）防火、保温材料安装

1）必须采用合格的材料，要求有出厂合格证。

2）在每层楼板与石材幕墙之间不能有空隙，应用 1.5mm 厚镀锌钢板和防火岩棉形成防火隔离带，用防火胶密封。

3）保温层应有防水、防潮保护层，在金属骨架内填塞固定，要求严密牢固。

（5）石材饰面板安装

1）将运至工地的石材饰面板按编号分类，检查尺寸是否准确和有无破损、缺棱、掉角。按施工要求分层将石材饰面板运至施工面附近，并注意摆放安全可靠。

2）按幕墙墙面基准线仔细安装好底层第一层石材。

3）注意每层金属挂件安放的标高，金属挂件应紧托上层饰面板（背栓式石板安装除外）而与下层饰面板之间留有间隙（间隙留待下道工序处理）。

4）安装时，要在饰面板的销钉孔或短槽内注入石材胶，以保证饰面板与挂件的可靠连接。

5）安装时，宜先完成窗洞口四周的石材镶边。

6）安装到每一楼层标高时，要注意调整垂直误差，使得误差不积累。

7）在搬运石材时，要有安全防护措施，摆放时下面要垫木方。

（6）嵌胶封缝

1）要按设计要求选用合格且未过期的耐候嵌缝胶,最好选用含硅油少的石材专用嵌缝胶,以免硅油渗透污染石材表面。

2）用带有凸头的刮板填装聚乙烯泡沫圆形垫条,保证胶缝的最小宽度和均匀性。选用的圆形垫条直径应稍大于缝宽。

3）在胶缝两侧粘贴胶带纸保护,以免嵌缝胶迹污染石材表面。

4）用专用清洁剂或草酸擦洗缝隙处石材表面。

5）安排受过训练的注胶工人注胶。注胶应均匀无流淌,边打胶边用专用工具勾缝,使嵌缝胶成型后呈微弧形凹面。

6）施工中要注意不能有漏胶污染墙面,如墙面上粘有胶液应立即擦去,并用清洁剂及时擦净余胶。

7）在刮风和下雨时不能注胶,因为刮起的尘土及水渍进入胶缝会严重影响密封质量。

（7）清洗和保护 施工完毕后,除去石材表面的胶带纸,用清水和清洁剂将石材表面擦洗干净,按要求进行打蜡或刷防护剂。

（8）施工注意事项

1）严格控制石材质量,材质和加工尺寸必须合格。

2）要仔细检查每块石材有没有裂纹,防止石材在运输和施工时发生断裂。

3）测量放线要精确,各专业施工要组织统一放线、统一测量,避免各专业施工因测量和放线误差发生施工矛盾。

4）预埋件的设计和放置要合理,位置应准确。

5）根据现场放线数据绘制施工放样图,落实实际施工和加工尺寸。

6）安装和调整石材板位置时,可用垫片适当调整缝宽,所用垫片必须与挂件是同质材料。

7）固定挂件的不锈钢螺栓要加弹簧垫圈,在调平、调直、拧紧螺栓后,在螺母上抹少许石材胶固定。

（9）石材幕墙安装施工的安全措施

1）应符合《建筑施工高处作业安全技术规范》的规定,还应遵守施工组织设计确定的各项要求。

2）安装幕墙的施工机具和吊篮在使用前应进行严格检查,符合规定后方可使用。

3）施工人员应佩带安全帽、安全带、工具袋等。

4）工程上下部交叉作业时,结构施工层下方应采取可靠的安全防护措施。

5）现场焊接时,在焊件下方应设接渣斗。

6）脚手架上的废弃物应及时清理,不得在窗台、栏杆上放置施工工具。

5.2 背栓式石材幕墙构造与施工

5.2.1 背栓式石材幕墙构造

背栓式石材幕墙是通过双切面抗震型后切锚栓和连接件将石材面板与骨架进行连接的一

种石材幕墙构造方法。

背栓式石材幕墙具有以下特点：板材之间独立受力，独立安装，独立更换，节点做法灵活；连接可靠，对石板的削弱较小，减少了连接部位石材的局部破坏，使石材面板有较高的抗震能力；可准确控制石材与锥形孔底的间距，确保了幕墙的表面平整度；工厂化施工程度高，板材上墙后调整工作量少。

1. 背栓式石材幕墙构造

背栓式石材幕墙采用柱锥式钻头和专用设备在石材的背面钻孔，并能使底部扩孔，可保证准确的钻孔深度尺寸。锚栓（图 5-5）不受膨胀力装入圆锥形钻孔内，按规定的扭矩扩压，扩压环张开并填满孔底，形成凸形结合（图 5-6）。锚栓在背部固定，从外面看不见。安装时外墙上的埋件与竖框的角码焊接，背栓横框用螺栓与竖框连接，通过背栓将石材固定在横框上。背栓式石材幕墙构造如图 5-7 所示。

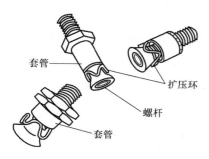

图 5-5　锚栓示意图

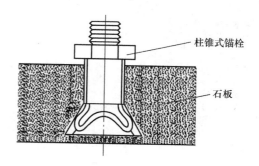

图 5-6　锚栓扩压环与石材结合示意图

2. 背栓设计要求

1）背栓连接可选择单切面背栓（图 5-8a）或双切面背栓（图 5-8b）构造形式。

2）背栓孔切入的有效深度宜为面板厚度的 2/3，且不小于 15mm。背栓孔离石板边缘净距不小于板厚的 5 倍，且不大于其支承边长的 0.2 倍。孔底至板面的剩余厚度应不小于 8mm。

3）背栓螺栓埋装时，背栓孔内应注环氧胶粘剂。

4）背栓支承应有防松脱构造并有可调节余量。

5）背栓连结应采用不锈钢螺栓，直径应不小于 6mm，每个托板宜用 2 个连接螺栓。

6）单切面背栓连接时，面板与连接件的间隙应填充胶粘剂，胶粘剂应具有高机械性抵抗能力。

3. 背栓式石材幕墙的类型

根据幕墙骨架系统背栓式石材幕墙可分为 C 型幕墙系统和 L 型幕墙系统。

（1）C 型幕墙系统　C 型幕墙系统构造如图 5-9 所示。该系统适用于技术复杂的混合式幕墙，能够方便地实现与背栓幕墙连接系统的兼容，在框架结构、横向排布的石材（瓷板）幕墙工程中应用性价比较高；铝制横龙骨及连接件精度高，施工技术要求较高，综合造价较高。

（2）L 型幕墙系统　L 型幕墙系统构造如图 5-10 所示。该系统连接件三维可调，调节

119

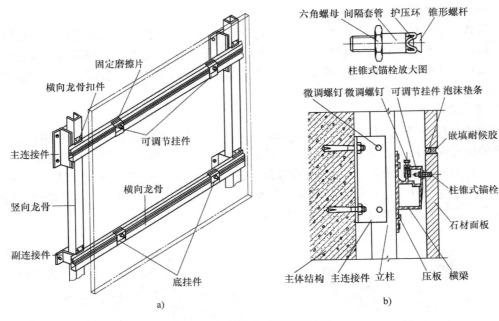

图 5-7　背栓式石材幕墙构造

a）立体图　b）竖向节点详图

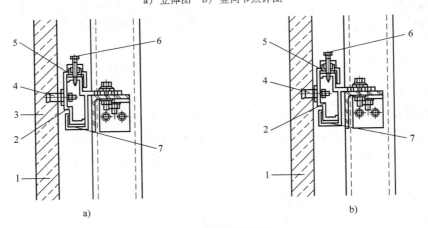

图 5-8　背栓支承构造

a）单切面背栓　b）双切面背栓

1—石材面板　2—铝合金挂件　3—注胶　4—背栓　5—限位块　6—调节螺栓　7—铝合金托板

余量较大，龙骨安装技术难度较低，安装工人操作方便、效率高。在框架结构、竖向排布的石材（瓷板）幕墙工程中应用性价比较高。

4. 背栓式石材幕墙的缺陷和改进措施

背栓式石材幕墙存在以下缺陷：

1）锚固孔的质量不易控制。

2）构造厚度要求较厚。

3）锚固点的接触面积小，在包装、运输、安装过程中易造成连接点失效。

4）机械连接，敲击时会造成孔底击通或开裂；还存在热胀冷缩硬抵触产生胀应力造成

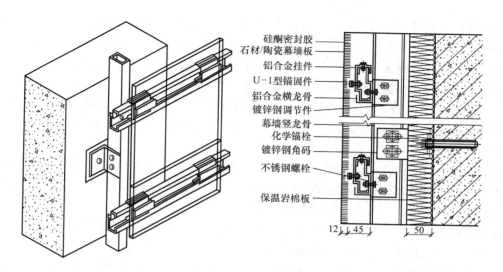

硅酮密封胶
石材/陶瓷幕墙板
铝合金挂件
U-1 型锚固件
铝合金横龙骨
镀锌钢调节件
幕墙竖龙骨
化学锚栓
镀锌钢角码
不锈钢螺栓
保温岩棉板

12　45　50

图 5-9　C 型幕墙系统构造

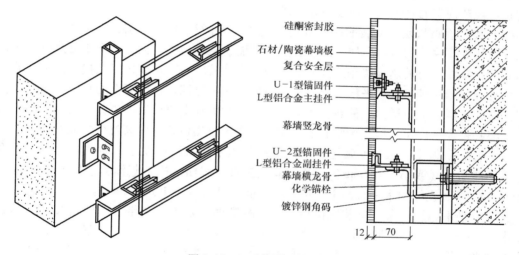

硅酮密封胶
石材/陶瓷幕墙板
复合安全层
U-1 型锚固件
L 型铝合金主挂件
幕墙竖龙骨
U-2 型锚固件
L 型铝合金副挂件
幕墙横龙骨
化学锚栓
镀锌钢角码

12　70

图 5-10　L 型幕墙系统构造

对板材的慢性破坏。

5）脆性板材与硬性锚栓直接胀接，而且通过间接式的方法来达到正面平整，造成锚底扩胀点受力，所以其在地震的强力反复震动下容易破坏。

最近研制出新型的背挂式、背槽式石材幕墙，来减少以上缺陷。

5.2.2　背栓式石材幕墙施工

1. 背栓式石材幕墙施工工艺流程

测量放线→竖向构件（桁架或柱）安装→安装防水板→安装石材板块→定位、调平→注胶和清洁。

2. 背栓式石材幕墙施工工艺要点

（1）测量放线　测量放线根据土建提供的测量控制网，以测量基准点坐标为基准，利

121

用激光经纬仪、铅垂仪垂直测量,并传递至各楼层,在各层楼面重新测设井字形线控制网,将其平移至外梁上。作竖向测点联结,即可建立垂直基准线由此可构成立面控制网,将其平移至立面梁柱上,确定各楼层的固定件位置并做好标记,各层立面以此标记为准,采用钢丝线确定立面位置,各楼层的立柱以此立面位置为准进行安装。

(2)竖向构件(桁架或柱)安装 在连接构件安装后复测定位偏差的基础上,进一步根据幕墙基准面调整安装桁架或柱及柱梁体系柱,使其精确就位,分段控制,以免误差积累。

桁架或柱为竖向构件,是幕墙安装施工的关键之一,其安装精度和质量直接影响幕墙的安装质量,应将安装允许偏差控制在2mm以内。特别是建筑平面呈弧形、椭圆形或四边封闭形的幕墙,其平面内外偏差会影响到幕墙周长。

横梁或柱梁体系皆由于横向距离较大而要设置横梁来支承玻璃,横梁是受力构件。横梁与桁架或柱一般采用焊接连接,要求测量就位,分段控制,最后满焊。

(3)安装防水板 防水板定位以放在预埋件上的线为准,必须严格控制两个方向的位置误差和角度误差,安装时两块铁码的距离必须一致,并进行表面涂刷防腐油漆处理。凡是误差超过规范规定的必须进行修复校正处理。

(4)安装石材板块 安装前应根据石材施工排布图检查石板与图是否相符,检查石板的尺寸及外观质量,同时对照加工图检查加工精度,将合格的石板上、下扣槽擦拭干净,不能留有砂土颗粒,与玻璃幕墙相连部分的石板在安装玻璃之前挂装,以免损坏污染玻璃。

用环氧树脂注满槽坑,平稳抬起石板,将槽口对准已固定在横梁上的扣件缓缓插入,再将另一对扣件插入上部槽内,使石板稍向前倾,当扣件挂上横梁后,再让石板恢复到垂直状态,并将扣件向下压实,检查调整石板的垂直、水平进出位置,使其符合立面控制线。

(5)定位、调平 板材安装过程中,按照“横平竖直”的要求用垂线垂直调平,垂缝偏差值不能超过(或小于)2mm/m。用钢丝线拉直,用插尺检查竖面偏差值不能超过(或小于)3mm/m,横缝用水平管调平,偏差值不能超过(或小于)2mm/m。

(6)注胶和清洁 幕墙安装完以后,先在缝隙两边贴上分色纸,为使挤胶厚度达到设计要求(4~6mm),在挤胶之前先在缝隙内填上发泡胶条,然后从上往下挤密封胶,再用胶刮板刮平,使表面达到平滑,确保挤胶处清洁干净,并在规定时间内完成挤胶操作。挤胶后立即撕掉分色纸,并对幕墙表面进行彻底打扫清洁。

5.3 陶土板幕墙构造与施工

陶土板的原材料为天然陶土,不添加任何其他成分,不会对空气造成污染。陶土板的颜色完全是陶土的天然颜色,绿色环保,无辐射,色泽温和,不会带来光污染。陶土板的可选之色多达十余种,能够满足建筑设计师和业主对颜色的选择要求。

5.3.1 陶土板幕墙构造

1. 陶土板幕墙构造设计

1)陶土板采用开放式开缝结构,水平方向的间隙为4~6mm,使陶土板内外面的空气压力基本相等,实验证明进入陶土板背面内的雨水量非常小,内部采用1.2mm厚镀锌钢板作为防水层,使进入陶土板内部的雨水有组织地排除,加之陶土板背面的空腔内有空气流动，使残存在内部的雨水很快风干。

2）陶土板采用自保温体系，在防水板和竖向龙骨背面采用50mm厚玻璃丝棉保温，幕墙的保温层和结构填充墙共同起到保温作用，满足建筑设计的热工要求，同时保温层与结构之间的空隙内的空气不流动，对保温起到辅助作用。

3）陶土板采用挂接结构，陶土板挂钩与横向铝龙骨挂接，并用聚酯胶粘结，横向铝龙骨与竖向铝龙骨采用螺栓连接，由于板可以切割，能满足不同立面的安装效果。

4）陶土板表面无密封胶，减少了陶土板表面硅油对灰尘的吸附作用，使表面的污染大为减少，保证了建筑的清洁。

陶土板连接构造如图5-11所示。

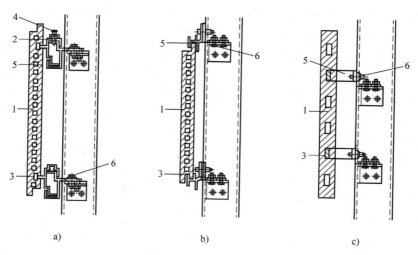

图5-11　陶土板连接构造示意图
a）T型挂件连接　b）下挂接上插接　c）侧面连接
1—陶土板　2—限位块　3—胶粘剂　4—调节螺栓　5—铝合金挂件　6—紧固螺栓

2. 陶土板幕墙的构造要求

陶土板的连接构造可选择短槽、通槽和背栓连接，并符合以下规定：

1）安装陶土板应使用配套的专用挂件，挂件的强度和刚度经计算确定。挂件长度应不小于50mm，不锈钢挂件的厚度应不小于2.0mm，铝合金型材挂件的厚度应不小于2.5mm，铝合金型材表面应进行阳极氧化处理，挂件连接处宜设置弹性垫片。

2）挂件与面板的连接，不应使面板局部产生附加挤压应力。

3）陶土板长度不宜大于1.5m，采用侧面连接时，陶土板长度宜不大于0.9m。

4）挂件插入陶土板槽口的深度应不小于6mm，挂件中心线与面板边缘的距离宜为板长的1/5，且应不小于50mm。挂件与陶土板的前后上下间隙应根据连接方式设置弹性垫片或填充胶粘剂，胶粘剂应具有高机械性抵抗能力。

5）陶土板的横向接缝处宜留有6～10mm的安装缝隙，上下陶土板不能直接相碰；竖向接缝处宜留有4～8mm的安装缝隙，内置胶条防止侧移。

6）挂件与支承构件的连接经计算确定。每块陶土板的连接点不应少于4处，螺栓直径不小于5mm。除侧面连接外，连接点间距宜不大于600mm。

7）应考虑幕墙清洗设施对陶土板的撞击。如无有效防撞措施，陶土板及其他陶土部件宜有防碎裂坠落的措施。

8）采用背栓支承时，陶土板实际厚度应不小于 15mm。

5.3.2 陶土板幕墙施工

1. 工艺流程

预埋埋件→墙面清理→测量放线→转接件安装→竖向钢龙骨安装→竖向铝龙骨安装→镀锌防水保温板安装→横向铝龙骨安装→陶土板安装。

2. 操作要求

（1）预埋埋件　陶土板幕墙立柱与混凝土结构通过预埋件连接，预埋件在主体结构混凝土施工时埋入。预埋件的位置必须符合深化图纸要求，预埋件必须做防锈处理。发现漏埋时，可采用后置埋件，并通过现场试验确定其承载力。

（2）测量放线　根据陶土板幕墙分格大样图和标高控制点、进出口线及轴线位置，采用重锤、钢丝线、测量器具及水平仪等在主体结构上测出幕墙平面、立柱、分格及转角基准线，并用经纬仪进行调校、复测。根据放线结果从顶部女儿墙往下用钢线吊重锤，每隔15～20m 一根，每根钢线位置以轴线为基准往外距离相同，起始点水平方向架设一根水平钢线，用经纬仪和水准仪测量其垂直度、水平度，无误后进行后续工作。

（3）转接件安装　根据放线位置，将转接件进行初步焊接固定。初步固定的转接件按层逐步检查，其三维空间误差控制要求：垂直误差 <2mm、水平误差 <2mm、进深误差 <3mm。转接件经过检查符合图纸设计要求后，进行焊接固定，焊缝高度及长度分别经计算确定，但高度最小不小于 6mm，长度不小于 100mm。转接件进行焊渣清理、刷防锈漆完毕后，对预埋件、连接件进行隐蔽工程验收，要求其三维方向定位准确，连接牢固。此工序

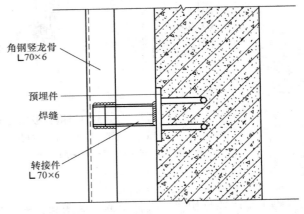

图 5-12　转接件安装原理图

可在安装放线完成时或穿插于放线过程中进行。转接件安装原理如图 5-12 所示。

（4）角钢竖龙骨安装　以钢线为基准，初步安装竖龙骨，从下往上安装，按照层高高度设置角钢竖龙骨，相邻两根龙骨间留伸缩缝 15～20mm，竖龙骨与转接件点焊牢固后复测尺寸及垂直度，合格后开始满焊、清理焊渣及涂刷防锈漆。骨架安装完成后，对骨架做电气连接，使其成为导电通路，并与主体结构的防雷系统做可靠连接。

（5）铝合金竖龙骨安装　根据施工图要求在角钢竖龙骨上弹铝合金竖龙骨定位分格线，复测后安装铝合金竖龙骨。铝合金竖龙骨与角钢竖龙骨采用 M6×50 镀锌螺栓连接，间距不大于 600mm，两龙骨间在螺栓部位垫 8mm 厚三元乙丙橡胶绝缘层，宽度同铝合金龙骨凹槽，长度为 100mm，防止电化学腐蚀。铝合金竖龙骨同样按照层高高度设置，相邻两根龙骨间留伸缩缝 15～20mm，并且铝合金龙骨伸缩缝位置同角钢竖龙骨。

（6）镀锌防水保温板安装　将玻璃丝棉用岩棉钉及氯丁胶粘到镀锌板上制成防水保温

板。安装时从下往上安装，后安装板压先安装板宽度不小于 30mm。板与铝合金竖龙骨采用镀锌自攻钉连接，间距不大于 350mm。板与板、板与铝合金龙骨的缝隙及钉帽等均用灰色硅酮密封胶封严。

为减少冷桥，在竖龙骨背侧等镀锌防水保温板无法覆盖的部位，将玻璃丝棉剪成长条形直接与龙骨用氯丁胶点状粘牢，粘点间距不大于 200mm。

（7）铝合金横龙骨安装　铝合金横龙骨间距为陶土板宽度加 10mm。安装铝合金横龙骨时，采用镀锌钢角码和镀锌螺栓固定，保证分格尺寸及水平度。角码与铝合金竖龙骨间垫不小于 1.5mm 厚三元乙丙橡胶垫。铝合金横竖龙骨连接如图 5-13 所示。

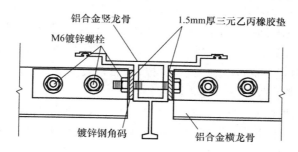

图 5-13　铝合金横竖龙骨连接示意图

（8）陶土板安装　根据竖向龙骨间距确定陶土板横向排布方式及加工尺寸，采用电动切割机进行切割加工。横向采用多块板组成一个单元时，板与板横向不留缝隙，板与铝合金龙骨小楞外缘间距 5mm。安装时，在陶土板上下挂槽与横向龙骨挂接处涂聚脂胶粘结，每板粘结不少于四处（上下挂槽各两处），每处胶长 20mm。陶土板自下而上逐层安装，全部安装完成后，清理表面，交付验收。陶土板挂接如图 5-14 所示。

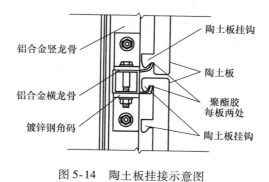

图 5-14　陶土板挂接示意图

5.4　石材幕墙质量验收

主要包括建筑高度不大于 100m、抗震设防烈度不大于 8 度的石材幕墙工程。

1. 主控项目

1）石材幕墙工程所用材料的品种、规格、性能等级，应符合设计要求及国家现行产品标准和工程技术规范的规定。石材的弯曲强度不应小于 8.0MPa，吸水率应小于 0.8%。石材幕墙的铝合金挂件厚度不应小于4.0mm，不锈钢挂件厚度不应小于3.0mm。

检验方法：观察；尺量检查；检查产品合格证书、性能检测报告、材料进场验收记录和复验报告。

石材幕墙所用的主要材料，如石材的弯曲强度、金属框架杆件和金属挂件的壁厚应经设计计算确定。本条款规定了最小限值，如计算值低于最小限值时，应取最小限值。

2）石材幕墙的造型、立面分格、颜色、光泽、花纹和图案应符合设计要求。

检验方法：观察。

由于石材幕墙的饰面板大都是选用天然石材，同一品种的石材在颜色、光泽和花纹上容易出现很大的差异；在工程施工中，又经常出现石材排布放样时，石材幕墙的立面分格与设计分格有很大的出入，这些问题都不同程度地降低了石材幕墙整体的装饰效果。本条款要求石材幕墙的石材样品和石材的施工分格尺寸放样图应符合设计要求并取得设计的确认。

3）石材孔、槽的数量、深度、位置、尺寸应符合设计要求。

检验方法：检查进场验收记录或施工记录。

石板上用于安装的钻孔或开槽是石板受力的主要部位，加工时容易出现位置不准、数量不足、深度不够或孔槽壁太薄等质量问题。本条款要求对石板上孔或槽的位置、数量、深度以及孔或槽的壁厚进行进场验收；如果是现场开孔或开槽，监理单位和施工单位应对其进行抽检，并做好施工记录。

4）石材幕墙主体结构上的预埋件和后置埋件的位置、数量及后置埋件的拉拔力必须符合设计要求。

检验方法：检查拉拔力检测报告和隐蔽工程验收记录。

5）石材幕墙的金属框架立柱与主体结构预埋件的连接、立柱与横梁的连接、连接件与金属框架的连接、连接件与石材面板的连接必须符合设计要求，安装必须牢固。

检验方法：手扳检查；检查隐蔽工程验收记录。

6）金属框架的连接件和防腐处理应符合设计要求。

检验方法：检查隐蔽工程验收记录。

7）石材幕墙的防雷装置必须与主体结构防雷装置可靠连接。

检验方法：观察；检查隐蔽工程验收记录和施工记录。

8）石材幕墙的防火、保温、防潮材料的设置应符合设计要求，填充应密实、均匀、厚度一致。

检验方法：检查隐蔽工程验收记录。

9）各种结构变形缝、墙角的连接节点应符合设计要求和技术标准的规定。

检验方法：检查隐蔽工程验收记录和施工记录。

10）石材表面和板缝的处理应符合设计要求。

检验方法：观察。

考虑目前石材幕墙在石材表面处理上有不同做法，有些工程设计要求在石材表面涂刷保护剂，形成一层保护膜，有些工程设计要求石材表面不做任何处理，以保持天然石材本色的装饰效果；在石材板缝的做法上也有开缝和密封缝的不同做法，施工质量验收时应符合设计要求。

11）石材幕墙的板缝注胶应饱满、密实、连续、均匀、无气泡，板缝宽度和厚度应符合设计要求和技术标准的规定。

检验方法：观察；尺量检查；检查施工记录。

12）石材幕墙应无渗漏。

检验方法：在易渗漏部位进行淋水检查。

2.一般项目

1）石材幕墙表面应平整、洁净，无污染、缺损和裂痕，颜色和花纹应协调一致，无明显色差，无明显修痕。

检验方法：观察。

石材幕墙要求石板不能有影响其弯曲强度的裂缝。石板进场安装前应进行预拼，拼对石材表面花纹纹路，以保证幕墙整体观感无明显色差，石材表面纹路协调美观。天然石材的修痕应力求与石材表面质感和光泽一致。

2）石材幕墙的压条应平直、洁净、接口严密、安装牢固。

检验方法：观察；手扳检查。

3）石材接缝应横平竖直、宽窄均匀；阴阳角石板压向应正确，板边合缝应顺直；凸凹线出墙厚度应一致，上下口应平直；石材面板上洞口、槽边应套割吻合，边缘应整齐。

检验方法：观察；尺量检查。

4）石材幕墙的密封胶缝应横平竖直、深浅一致、宽窄均匀、光滑顺直。

检验方法：观察。

5）石材幕墙上的滴水线、流水坡向应正确、顺直。

检验方法：观察；用水平尺检查。

6）每平方米石材的表面质量和检验方法应符合表 5-1 的规定。

表 5-1　每平方米石材的表面质量和检验方法

项次	项　　目	质量要求	检验方法
1	明显划伤和长度 >100mm 的轻微划伤	不允许	观察
2	长度 ≤100mm 的轻微划伤	≤8 条	用钢尺检查
3	擦伤总面积	≤500mm²	用钢尺检查

7）石材幕墙安装的允许偏差和检验方法应符合表 5-2 的规定。

表 5-2　石材幕墙安装的允许偏差和检验方法

项次	项　　目		允许偏差/mm		检验方法
			光面	麻面	
1	幕墙垂直度	幕墙高度 ≤30m	10		用经纬仪检查
		30m < 幕墙高度 ≤60m	15		
		60m < 幕墙高度 ≤90m	20		
		幕墙高度 >90m	25		
2	幕墙水平度		3		用水平仪检查
3	板材立面垂直度		3		用水平仪检查
4	板材上沿水平度		2		用 1m 水平尺和钢直尺检查

（续）

项次	项　目	允许偏差/mm		检验方法
		光面	麻面	
5	相邻板材板角错位	1		用钢直尺检查
6	幕墙表面平整度	2	3	用垂直检测尺检查
7	阳角方正	2	4	用直角检测尺检查
8	接缝直线度	3	4	拉5m线，不足5m拉通线，用钢直尺检查
9	接缝高低差	1	—	用钢直尺和塞尺检查
10	接缝宽度	1	2	用钢直尺检查

小　结

　　面板材料是天然建筑石材的幕墙称为石材幕墙。面板材料为人造外墙板（包括瓷板、陶土板和微晶玻璃等，不包括玻璃、金属板材）的幕墙称为人造板材幕墙。

　　石材幕墙包括短槽式石材幕墙、通槽式石材幕墙、钢销式石材幕墙、背栓式石材幕墙等。

　　短槽式石材幕墙主要由石材面板、不锈钢挂件、钢骨架（立柱和横撑）及预埋件、连接件和石材拼缝嵌胶等组成。短槽式石材幕墙系统具有支撑体系龙骨用量少、安装工艺简单方便、安装效率高、造价较低的优点，是较传统和使用最广泛的幕墙之一。

　　背栓式石材幕墙是通过双切面抗震型后切锚栓、连接件将石材与骨架连接的一种石材幕墙构造方法。背栓式石材幕墙具有板材之间独立受力、独立安装、独立更换、节点做法灵活、连接可靠、工厂化施工程度高的特点。

　　陶土板的原材料为天然陶土，不添加任何其他成分，不会对空气造成任何污染。陶土板的颜色完全是陶土的天然颜色，绿色环保，无辐射，色泽温和，不会带来光污染。陶土板构造简单，可设计性强，逐渐成为三大幕墙之外的第四类幕墙。

　　石材幕墙工程所使用的各种材料、构件和组件的质量、构造特点和施工工艺应符合设计要求及国家现行产品标准和工程技术规范的规定。

思　考　题

1. 石材幕墙按照构造分类有哪些？
2. 短槽式石材幕墙的构造组成有哪些？
3. 简述短槽式石材幕墙的施工工艺。
4. 背栓式石材幕墙的构造组成有哪些？
5. 简述背栓式石材幕墙的施工工艺。
6. 陶土板幕墙的构造组成有哪些？
7. 简述陶土板幕墙的施工工艺。
8. 石材幕墙的质量验收要点有哪些？

项 目 实 训

1. 实训目的

通过课堂学习结合课下实训达到熟练掌握石材幕墙工程项目技术交底、施工准备、材料制备、施工操作和质量验收整个运行过程施工操作要点和国家相应的规范要求，提高学生进行石材幕墙工程技术管理的综合能力。

2. 实训内容

进行石材幕墙工程的装饰施工实训（指导教师选择一个真实的施工现场或学校实训工厂，带学生实地操作实训），熟悉石材幕墙工程施工的基本知识，从技术交底、施工准备、材料制备、施工操作和质量验收全程模拟训练，熟悉石材幕墙工程施工操作要点和国家相应的规范要求。

3. 实训要点

1）通过对石材幕墙工程施工项目的运行与实训，加深对石材幕墙工程相关国家标准的理解，掌握石材幕墙工程施工过程和工艺要点，进一步加强对专业知识的理解。

2）分组制定计划并实施，培养学生团队协作的能力，获取石材幕墙工程施工管理经验。

4. 实训过程

1）实训准备要求

① 做好实训前相关资料查阅工作，熟悉石材幕墙工程施工有关的规范要求。

② 准备实训所需的工具与材料。

2）实训要点

① 实训前做好技术交底。

② 制定实训计划。

③ 分小组进行实训，小组内部应有分工合作。

3）实训操作步骤

① 按照施工图要求，确定石材幕墙工程施工要点，并进行相应技术交底。

② 利用石材幕墙工程加工设备统一进行幕墙工程施工。

③ 在实训场地进行石材幕墙工程实操训练。

④ 做好实训记录和相关技术资料整理。

⑤ 进行小组互评和最终评定。

4）教师指导点评和疑难解答。

5）实地观摩。

6）进行总结。

5. 项目实训基本步骤

步　骤	教师行为	学生行为
1	交代工作任务背景，引出实训项目	（1）分好小组 （2）准备实训工具、材料和场地
2	布置石材幕墙工程实训应做的准备工作	
3	明确石材幕墙工程施工实训的步骤	
4	学生分组进行实训操作，教师巡回指导	完成石材幕墙工程实训全过程
5	指导点评实训成果	自我评价或小组评价
6	实训总结	小组总结并进行经验分享

6. 项目评估

项目:		指导老师:
项目技能	**技能达标分项**	**备　注**
实训报告	1. 交底完善，得 0.5 分 2. 准备工作完善，得 0.5 分 3. 操作过程准确，得 1.5 分 4. 工程质量合格，得 1.5 分 5. 分工合作合理，得 1 分	根据职业岗位、技能需求，学生可以补充完善达标项
自我评价	对照达标分项，得 3 分为达标； 对照达标分项，得 4 分为良好； 对照达标分项，得 5 分为优秀	客观评价
评议	各小组间互相评价，取长补短，共同进步	提供优秀作品观摩学习

自我评价　　　　　　　　　　　　　　个人签名

小组评价　达标率_____　　　　　　组长签名_____

　　　　　良好率_____

　　　　　优秀率_____

　　　　　　　　　　　　　　　　　　　　　　　　年　　　月　　　日

项目 6 ▶▶▶▶▶

金属幕墙构造与施工

 学习目标

通过本项目的学习，要求学生掌握金属幕墙的基本概念、分类和特点，熟悉铝单板金属幕墙、复合铝板幕墙的构造与施工工艺；掌握金属幕墙施工质量验收要点。

金属幕墙是指幕墙面板材料为金属板材的建筑幕墙。20 世纪 90 年代新型建筑材料的出现推动了建筑幕墙的进一步发展，一种新型的建筑幕墙形式——金属幕墙在全国各地相继出现。

金属幕墙按照面板的材质不同，可以分为铝单板、蜂窝铝板、搪瓷板、不锈钢板幕墙等，有的还用两种或两种以上材料构成金属复合板，如铝塑复合板、金属夹芯板幕墙等。按照表面处理方法不同，金属幕墙又可分为光面板、亚光板、压型板、波纹板等。本章主要介绍最常用的铝板幕墙和铝塑复合板幕墙。

铝单板：单层铝板，常用板厚为 2.5mm、3.0mm。当单块板尺寸较大时，板面平整度不易保证，特别是在阳光照射时板面不平整的缺陷表现更加突出，易出现温度变形，一般用于立面分格较小的幕墙。

蜂窝铝板：面板为 1mm 厚铝板，背板为 0.7mm 厚铝板，蜂窝芯材为 0.06mm 铝箔，三层复合而成，常用厚度为 20mm、25mm。板面平整，强度较高，价格相对较高，适用于分格尺寸较大的幕墙。

铝塑复合板：面板及背板为 0.5mm 厚铝板，芯材为 PE 塑料，铝板与芯材热合而成，常用厚度为 4mm，燃烧性能为 B_1 级，属难燃体；板面较为平整，价格相对较低，但对幕墙的防火有一定影响，板材加工时容易损伤面板。

1. 金属幕墙的特点

金属幕墙装饰作为一种极富冲击力的建筑幕墙形式，主要特点如下：

1）金属属于轻量化的材质，减少了建筑结构和基础的负荷，为高层建筑室外装饰提供了良好的选择条件。

2）金属板的性能卓越，隔热、隔声、防水、防污、防腐蚀性能优良。

3）构件加工、运输、安装、清洗等施工作业都较易实施。

4）金属板具有优良的加工性能、色彩的多样化及良好的安全性，能完全适应各种复杂造型的设计，而且可以加工各种形式的曲线线条，给建筑师以巨大的发挥空间，扩展了幕墙设计师的设计空间。

5）金属设计适应性强，根据不同的外观要求、性能要求和功能要求可设计与之适应的各种类型的金属幕墙装饰效果。

6）性能价格比较高，维护成本非常低廉，使用寿命长。

金属幕墙按幕墙的结构形式可分单元式铝板幕墙和构件式铝板幕墙两种形式。单元式幕墙是指将面板、横梁、立柱在工厂组装为幕墙单元，以幕墙单元形式在现场完成安装施工的有框幕墙。构件式幕墙是指在现场依次安装立柱、横梁和面板的有框幕墙。

2. 金属幕墙应注意的问题

1）幕墙系统的抗变形能力。必须对幕墙系统的每个重要部位进行科学的力学计算，考虑风压、自重、地震、温度等作用对幕墙系统的影响，对埋件、连接系统、龙骨系统、面板及紧固件进行仔细校核，确保幕墙的安全性。

2）板块是否采用浮动式连接。浮动式连接保证了幕墙变形后的恢复能力，保证幕墙的整体性，不会使幕墙因受作用力而造成变形，避免幕墙表面鼓凸或凹陷情况的发生。

3）板块的固定方式。板块的固定方式对板块的安装平整度起着决定性作用。板块各个固定点的受力不一致会造成面材的变形，影响外饰效果，所以板块的固定方式必须采用定距压紧的固定方式，保证幕墙表面的平整度。

4）复合型面板材料折边处是否有补强措施。因复合型面板材料的折边只保留了正面板材，厚度变薄、强度降低，所以折边必须有可靠的补强措施。

5）板背面是否合理设置加强筋，以增加板面的强度和刚度。加强筋的布置距离以及加强筋本身的强度和刚度，必须均满足要求，以保证幕墙的使用功能及安全性。

6）防水密封方式是否合理。防水密封方式很多，如结构防水、内部防水、打胶密封等，不同的密封方式价格也不尽相同。选择适合的密封方式用于工程中，可保证幕墙的功能及外饰效果。

7）选用材料是否满足规范、标准及设计要求。目前，建筑材料种类很多，材料的质量也不尽相同，选择合格的材料是保证幕墙质量之根本。必须采用严格的检查手段和方法以保证材料的质量。

6.1　铝板幕墙构造与施工

6.1.1　铝板幕墙构造

1. 铝板幕墙的构造组成

铝板幕墙主要由铝板饰面板、连接件、金属骨架、预埋件、密封条和胶缝等组成，其节点构造如图6-1所示。根据安装方法不同，有直接安装和骨架式安装两种形式。与石材幕墙构造不同的是，金属面板采用折边加副框的方法形成组合件，然后再进行安装，如图6-2所示。

安装时先将一侧板安装，螺栓不拧紧，用横、竖控制线确定另一侧板安装位置，待两侧板均达到要求后，再依次拧紧螺栓，打密封胶。

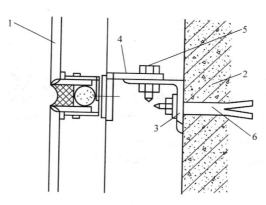

图6-1　金属幕墙节点构造

1—铝单板　2—承重柱（或墙）　3—角支撑　4—直角形铝材横梁　5—调整螺栓　6—锚固螺栓

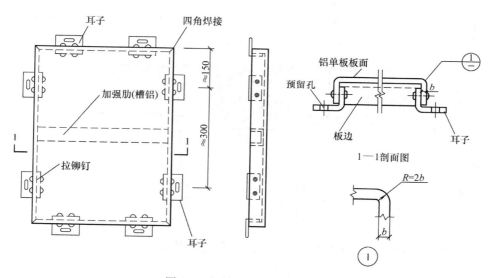

图6-2　铝单板组合件示意图

2. 蜂窝铝板幕墙构造

蜂窝铝板可选用吊挂式、扣压式等连接方式（图6-3、图6-4），并符合以下要求：

1）板缝宽度应满足计算要求。吊挂式蜂窝铝板板缝宽度宜不小于10mm，扣压式蜂窝铝板板缝宽度不小于25mm。

2）连接强度应满足计算要求。

3）四周封边，芯材不得暴露。

3. 铝板幕墙的构造节点

（1）幕墙转角部位　幕墙转角部位的处理通常是用一条直角铝合金（型钢、不锈钢）板，与外墙板直接用螺栓连接，或与角位立挺固定，如图6-5、图6-6所示。

（2）幕墙交接部位　不同材料的交接通常处于有横梁、竖框的部位，否则应先固定其骨架，再将定型收口板用螺栓与其连接，且在收口板与上下（或左右）板材交接处加橡胶垫或注密封胶，如图6-7、图6-8所示。

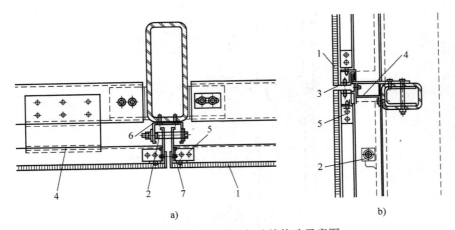

图 6-3 吊挂式蜂窝铝板连接构造示意图

a）蜂窝铝板横剖节点 b）蜂窝铝板竖剖节点

1—蜂窝铝板 2—挂接螺栓 3—铝合金副框 4—铝合金托板 5—铝合金角码 6—槽铝 7—挂码

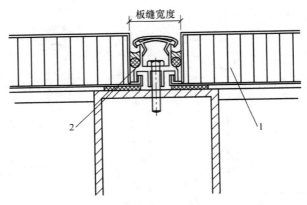

图 6-4 扣压式蜂窝铝板连接构造示意图

1—蜂窝铝板 2—扣板

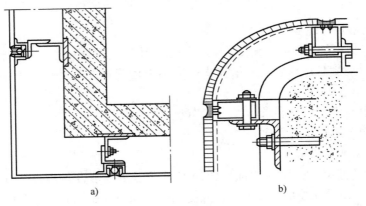

图 6-5 转角构造大样（一）

a）直角剖面 b）圆角剖面

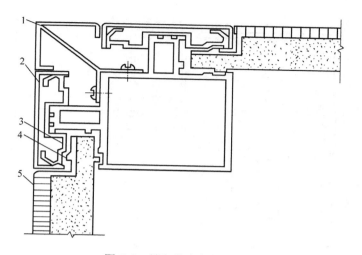

图 6-6　转角构造大样（二）

1—定型金属转角板　2—定型扣板　3—连接件　4—保温材料　5—金属板面板

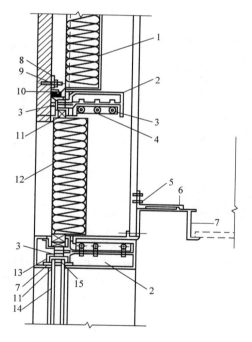

图 6-7　不同材料交接处构造大样

1—定型保温板　2—横梁　3—螺栓　4—码件　5—铆钉　6—定型角铝
7—铝扣板　8—石材板　9—固定件　10—铝码　11—密封胶　12—金属外墙板
13—铝扣件　14—幕墙玻璃　15—胶压条

（3）幕墙女儿墙上部及窗台　幕墙女儿墙上部及窗台等部位均属于水平部位的压顶处理，即用金属板封盖，使之能阻挡风雨浸透。水平盖板的固定，一般先将骨架固定于基层上，然后再用螺栓将盖板与骨架牢固连接，并适当留缝，打密封胶，如图 6-9、图 6-10 所示。

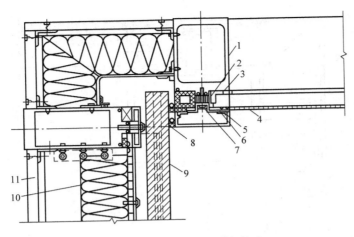

图 6-8　不同材料交接拐角构造

1—立柱　2—垫块　3—橡胶垫条　4—金属板　5—定型扣板　6—螺栓
7—金属压盖　8—密封胶　9—外挂石材　10—保温板　11—内墙石膏板

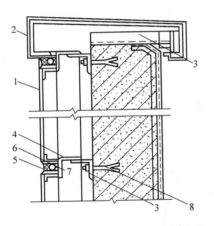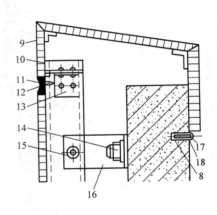

图 6-9　幕墙顶部构造图

1—铝合金板　2—顶部定型铝盖板　3—角钢支撑　4—角铝　5—密封材料　6—支撑材料
7—螺钉　8—膨胀螺栓　9—紧固角铝　10—蜂窝铝板　11—密封胶　12—自攻螺钉
13—连接角铝　14—拉爆　15—螺栓　16—角钢　17—木螺钉　18—垫板

（4）幕墙墙面边缘　幕墙墙面边缘部位收口是用金属板或型板将墙板端部及龙骨部位封盖，如图 6-11 所示。

（5）幕墙墙面下端　幕墙墙面下端收口处理，通常用一条特制挡水板将下端封住，同时将板和墙缝隙盖住，防止雨水渗入室内，如图 6-12 所示。

（6）幕墙变形缝处理　幕墙变形缝的处理，其原则应首先满足建筑物伸缩、沉降的需要，同时考虑应达到装饰效果；另外，该部位又是防水的薄弱环节，其构造点应周密考虑。通常采用异形金属板与氯丁橡胶带体系，如图 6-13 所示，既保证了其使用功能，又能满足装饰要求。

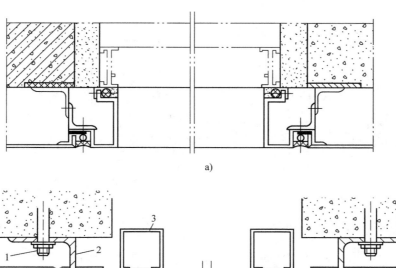

a)

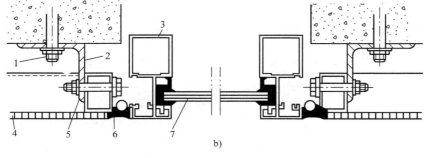

b)

图 6-10　铝板窗口节点

1—螺栓　2—角钢　3—铝合金窗板　4—蜂窝铝板　5—自攻螺钉　6—嵌缝胶　7—玻璃

137

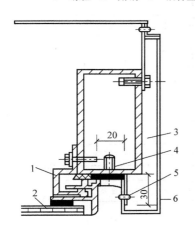

图 6-11　边缘部位的收口处理

1—连接件　2—铝板　3—型钢立柱
4—螺钉　5—铆钉　6—成型铝板

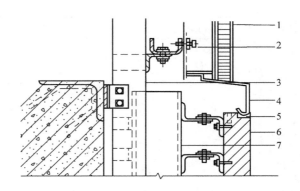

图 6-12　金属板幕墙底部构造图

1—蜂窝铝板　2—连接板　3—立柱　4—定型拉板
5—密封胶　6—石材收口板　7—型钢骨架

6.1.2　铝板幕墙施工

1. 金属板幕墙施工工艺流程

金属板幕墙的施工工艺流程如图 6-14 所示。

2. 金属板幕墙施工工艺要点

（1）施工准备

1）铝板幕墙施工前应按设计要求准确提供所需材料的规格及各种配件的数量，以便

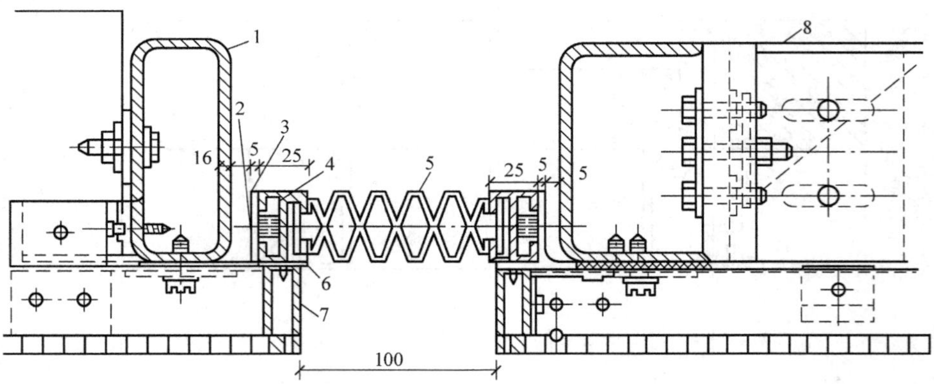

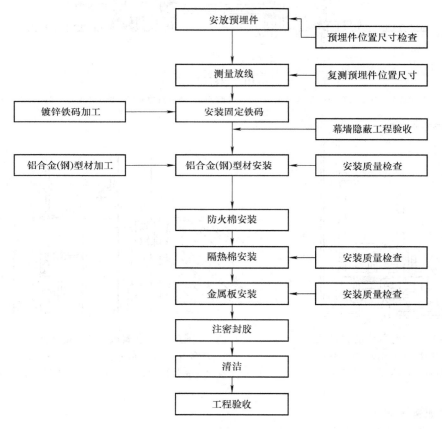

图 6-13　伸缩缝、沉降缝处理示意

1—方管构架　2—螺钉　3—成型钢夹　4—铝方管
5—氯丁橡胶伸缩缝　6—聚乙烯泡沫　7—铝板　8—镀锌铁件

图 6-14　金属幕墙施工工艺流程

加工。

2）施工前，对照铝板幕墙的骨架设计，复检主体结构的质量。主体结构质量的好坏，对幕墙骨架的排列位置影响较大，特别是墙面垂直度、平整度的偏差将会影响整个幕墙的水平位置。

3）详细核查施工图纸和现场实测尺寸，以确保设计加工的完善。

（2）作业条件

1）现场单独设置库房，防止进场材料受到损伤。构件进入库房后应按品种和规格堆放在垫木上。构件安装前均应进行检验和校正，构件应平直、规正，不得有变形和刮痕，不合格的构件不得安装。

2）铝板幕墙使用脚手架进行施工，根据幕墙骨架设计图纸规定的高度和宽度，搭设施工双排脚手架。

3）安装施工前将铝板及配件用塔式起重机运至各施工面层上。

（3）测量放线

1）复测预埋件位置及尺寸。

2）根据基准线在底层确定墙的水平宽度和出入尺寸。

3）用经纬仪向上引数条垂线，以确定幕墙转角位和立面尺寸。

4）根据轴线和中线确定一立面的中线。

5）测量放线时应控制分配误差，不得使误差积累。

6）测量放线时在风力不大于4级的情况下进行。放线后应及时校核，以保证幕墙垂直度及立柱位置的正确性。

（4）预埋件制作安装

1）金属板幕墙的竖框与混凝土结构宜通过预埋件连接，预埋件应在主体结构混凝土施工时埋入。

2）预埋件通常是由锚板和对称配置的直锚筋组成，应充分利用锚筋的受拉强度，锚固长度应符合要求。

3）锚板的厚度应大于钢筋直径的0.6倍，受拉和受弯预埋件锚板的厚度应大于$b/8$（b为锚筋间距）。

4）当主体结构为混凝土结构，如果没有条件采取预埋件时，应采取其他可靠的连接措施，并应通过试验确定其承载能力。

5）无论是新、旧建筑，当主体结构为实心砖墙体时，不允许采用膨胀螺栓来固定后置锚板，必须用钢筋穿透墙体，将钢筋的两端分别焊接到墙内和墙外两块钢板上。钢筋与钢板的焊接要符合施工规范要求。

（5）铁码安装与防锈处理

1）安装前首先要清理预埋铁件。

2）铁码需按设计图加工，表面按照国家的有关规定进行热浸镀锌，并根据定位放线位置将铁码焊接于预埋件上，焊缝清理后进行二次防腐处理。

3）防锈漆涂刷应在干燥、清洁的环境中进行，不得在潮湿、多雾、阳光直晒下进行，涂膜厚度和质量应符合规范要求。

4）所有连接件锚定后，其外伸端面必须处在同一个垂直的立面上。

（6）幕墙型材加工

1）各种型材下料长度尺寸允许偏差为±1mm；横梁的允许偏差为±0.5mm；竖框的允许偏差为±1mm；端头斜度的允许偏差为15′。

2）各加工面须去毛刺、飞边，截料端头不应有加工变形，毛刺不应大于0.2mm。

3）螺栓孔应由钻孔和扩孔两道工序完成。

4）螺栓孔尺寸要求：孔位允许偏差±0.5mm；孔距允许偏差±0.5mm；累计偏差不应大于±1mm。

5）钢型材在公司车间加工，并在型材成型、切割、打孔后进行防腐处理。

（7）幕墙型材骨架安装　铝板幕墙骨架的安装依据放线的具体位置进行，安装工作从底层开始逐层向上推移进行。安装前，首先要清理预埋铁件。测量放线前，应逐个检查预埋铁件的位置，并把铁件上的水泥灰渣剔除，所有锚固点中，不能满足锚固要求的位置，应该把混凝土剔平，以便增设埋件。

清理工作完成后，开始安装连接件。铝板幕墙所有骨架外立面，要求在同一个垂直的立面上。因此，施工时所有连接件与主体结构钢板焊接或膨胀螺栓锚定后，其外伸端面也必须处在同一个垂直的立面上。具体做法：以一个立面为单元，从单元的顶层两侧竖框锚固点附近，定出主体结构与竖框的适当间距，上下各设置一根悬挑铁桩，用线锤吊垂线，找出同一立面的垂直面，立面平整度调整合格后，两端各系一根铁丝绷紧，定出立面单元两侧，设置悬挑铁桩，并在铁桩上按垂线找出各楼层垂直平整点。各层设置铁桩时，应在同一水平线上。然后，在各楼层两侧悬挑铁桩所刻垂直点处，系铁丝绷紧，按线焊接或锚定各条竖框的连接铁件，使其外伸端面垂直平整。连接件与埋板焊接时要符合操作规程，对于电焊所采用的焊条型号、焊缝的高度及长度，均应符合设计要求，并应做好检查记录。现场焊接或螺栓连接的构件定位后，应及时进行防锈处理。

连接件固定好后，开始安装竖框。竖框安装的准确性影响整个铝板幕墙的安装质量，因此，竖框的安装是铝板幕墙安装的关键工序之一。铝板幕墙的平面轴线与建筑物外平面轴线距离的允许偏差应控制在2mm以内。竖框与连接件使用螺栓连接，螺栓要采用不锈钢件，同时要保证足够长度，螺母紧固后，螺栓要长出螺母3mm以上。连接件与竖框接触处要加设尼龙垫片隔离，防止双金属腐蚀。尼龙垫片的面积不能小于连接件与竖框接触的面积。第一层竖框安装完后，进行上一层竖框的安装。在竖框的安装过程中，应随时检查竖框的中心线，如有偏差应立即纠正。竖框的尺寸准确与否，将直接关系到幕墙的安装质量。竖框安装的标高偏差不应大于3mm；轴线前后偏差不应大于2mm，左右偏差不应大于3mm；相邻两根竖框安装的标高偏差不应大于3mm；同层竖框的最大标高偏差不应大于5mm；相邻两根竖框的距离偏差不应大于2mm。竖框调整固定后，可进行横梁的安装。

根据弹线所确定的位置安装横梁。安装横梁时最重要的是要保证横梁与竖框外表面处于同一立面上。横梁竖框间采用角码进行连接，角码用镀锌铁件制成。角码的一肢固定在横梁上，另一肢固定在竖框上，固定件及角码的强度应满足设计要求。横梁与竖框间也应设有伸缩缝，待横梁固定后，用硅酮密封胶将伸缩缝密封。横梁安装时，相邻两根横梁的水平标高偏差不应大于1mm。同层标高偏差：当一幅铝板幕墙的宽度≤35m时，不应大于5mm；当一幅铝板幕墙的宽度>35m时，不应大于7mm。横梁的安装应自下而上进行。当安装完一层高度时，应进行检查、调整、校正，使其符合质量标准。

（8）保温防潮层安装　如果在金属板幕墙的设计中，既有保温层又有防潮层，应先安装防潮层，然后再在防潮层上安装保温层。

大多数金属板幕墙的设计通常只有保温层而不设防潮层，只需将保温层直接安装到墙体上。

（9）防火棉安装   应采用优质防火棉，抗火期限必须达到有关标准的要求。防火棉用镀锌铜板固定，应使防火棉连续地密封于楼板与金属板之间的空位上，形成一道防火带，中间不得有空隙。

（10）防雷保护设施   幕墙设计时，都会考虑使整片幕墙框架具有有效的电传导性，并提供足够的防雷保护接地端。

大厦防雷系统及防雷接地措施一般由专门机构负责，要求防雷系统直接接地，不应与供电及其他系统合用接地线。

（11）铝板幕墙的安装

1）铝板与副框组合完成后，开始在主体框架上进行安装。

2）板间接缝宽度按设计而定，安装板前要在竖框上拉出两根通线，定好板间接缝的位置，按线的位置安装板材。拉线时要使用弹性小的线，以保证板缝整齐。

3）副框与主框接触处应加设一层胶垫，不允许刚性连接。

4）板材定位后，将压片的两脚插到板上副框的凹槽里，将压片上的螺栓紧固。压片的个数及间距要根据设计而定。

5）铝板与铝板之间的缝隙一般为 10～20mm，用硅酮密封胶或橡胶条等弹性材料封堵。在垂直接缝内放置衬垫棒。

（12）注胶封闭   铝板固定以后，板间接缝及其他需要密封的部位要采用耐候硅酮密封胶进行密封。注胶时，需将该部位基材表面用清洁剂清洗干净后，再注入密封胶。

耐候硅酮密封胶的施工厚度要控制在 3.5～4.5mm，如果注胶太薄对保证密封质量及防止雨水渗漏不利。但也不能注胶太厚，当胶受拉力时，太厚的胶容易被拉断，导致密封受到破坏，防渗漏失效。耐候硅酮密封胶的施工宽度不小于厚度的二倍或根据实际接缝宽度而定。

耐候硅酮密封胶在接缝内要形成两面粘结，不要三面粘结。否则，胶在受拉时，容易被撕裂，将失去密封和防渗漏作用。因此，对于较深的板缝采用聚乙烯泡沫条填塞，以保证耐候硅酮密封胶的设计施工位置和防止形成三面粘结。对于较浅的板缝，在耐候硅酮胶施工前，用无粘结胶带施于缝隙底部，将缝底与胶分开。

注胶前，要将需注胶的部位用丙酮、甲苯等清洁剂清理干净。使用清洁剂时应准备两块抹布，用第一块抹布蘸清洁剂轻抹将污物发泡，用第二块抹布拭去污物和溶物。

注胶时一定要熟练掌握注胶技巧，应从一面向另一面单向注，不能两面同时注胶。垂直注胶时，应自下而上注。注胶后，在胶固化以前，要将节点胶层压平，不能有气泡和空洞，以免影响胶和基材的粘结。注胶要连续，胶缝应均匀饱满，不能断断续续。

注胶时，周围环境的湿度及温度等气候条件要符合耐候胶的施工条件。

3. 金属板幕墙施工注意事项

1）金属面板通常由专业工厂加工成型。因实际工程的需要，部分面板由现场加工是不可避免的。现场加工应使用专业设备和工具，由专业操作人员操作，以确保板件的加工质量和操作安全。

2）各种电动工具使用前必须进行性能和绝缘检查，吊篮须做荷载、各种保护装置和运转试验。

3）金属面板不要重压，以免发生变形。

4）由于金属板表面上均有防腐及保护涂层，应注意硅酮密封胶与涂层粘结的相容性问题，事先做好相容性试验，并为业主和监理工程师提供合格产品的试验报告，保证胶缝的施工质量和耐久性。

5）在金属面板加工和安装时，应当特别注意金属板面的压延纹理方向，通常成品保护膜上印有安装方向的标记，否则会出现纹理不顺、色差较大等现象，影响装饰效果和安装质量。

6）固定金属面板的压板、螺钉，其规格、间距一定要符合规范和设计要求，并要拧紧。

7）金属板件的四角如果未经焊接处理，应当用硅酮密封胶嵌填，保证密封、防渗漏效果。

8）其他注意事项同隐框玻璃幕墙和石材幕墙。

4. 金属板幕墙安全施工技术措施

1）进入施工现场必须佩带安全帽，高空作业必须系安全带、工具袋。

2）在外架施工时，禁止上下攀爬，必须由通道上下。

3）幕墙安装施工作业面下方，禁止人员通行和施工，必要时要设专人站岗指挥，设围栏阻挡。

4）电焊铁码时，要设"接火斗"，将电焊火花接住，防止发生火灾。

5）电动机械须安装漏电保护器，手持电动工具操作人员需戴绝缘手套。

6）在高层建筑幕墙安装与上部结构施工交叉作业时，结构施工层下方必须架设挑出 3m 以上防护装置；建筑 3m 以上位置，应设挑出 6m 水平安全网。

7）加强各级领导和专职安全员的安全监护，坚持开好"班前会"，研究当日安全工作要点，引起大家重视，发现违章立即制止，杜绝事故的发生。

8）遇有六级以上的大风、大雾、大雪时严禁高空作业。

9）职工进场必须做好安全教育并做好记录，各工序开工前，工长做好书面安全技术交底工作。

10）安装幕墙用的施工机具在使用前必须进行严格检查，吊篮须做荷载试验，各种安全保护装置都要进行运转试验，手电钻、电动螺丝刀等电动工具需做绝缘电压试验。

11）密封材料在使用时，注意防止人员发生溶剂中毒，且要保管好溶剂，以免发生火灾。

6.2 复合铝板幕墙构造与施工

6.2.1 复合铝板幕墙构造

1. 复合铝板幕墙构造组成

铝塑复合板面板的骨架式幕墙构造如图 6-15 所示，它是用镀锌钢方管作为横梁、立柱，用铝塑复合板做成带副框的组合件（图 6-16），用直径为 4.5mm 的自攻螺钉固定，板缝垫杆嵌填硅酮密封胶。

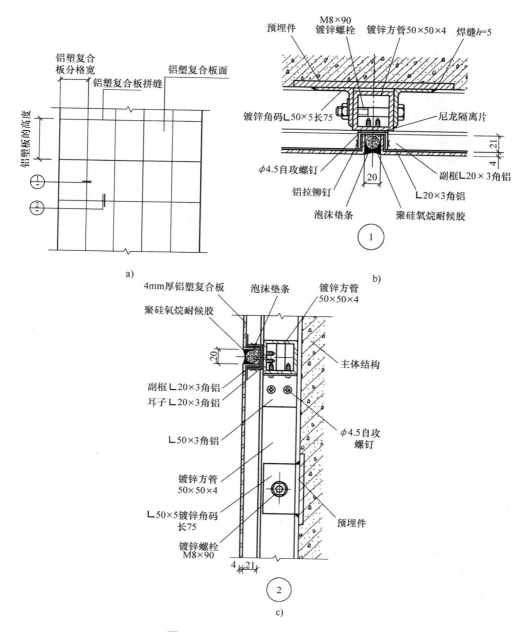

图 6-15　铝塑复合板面板幕墙构造

a）铝塑复合板面板幕墙立面图　b）铝塑复合板面板幕墙水平剖面图

c）铝塑复合板面板幕墙垂直剖面图

2. 构造要点

1）铝塑复合板与主体结构间应留空气层，空气层最小处应不小于 20mm。保温层与铝塑复合板结合时，保温层与主体结构间的距离应不小于 50mm。

2）铝塑复合板与支承结构间的连接，可采用螺栓、螺钉固定，连接强度应满足设计要求。

3）铝塑复合板接缝宽度宜不小于 10mm。板缝注硅酮建筑密封胶时，底部填充泡沫条，胶缝厚度不小于 3.5mm，宽度不小于厚度的 2 倍。

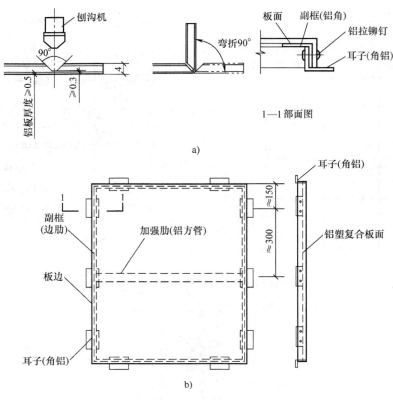

图 6-16　铝塑复合板组合件

a）铝塑复合板折边　b）铝塑复合板

4）板缝为开放式时，铝塑复合板宜采用压条封边或板边镶框。

5）嵌条式板缝的密封条与板缝的接触应紧密，胶条纵横交叉处应可靠密封。

6.2.2　复合铝板幕墙施工

1. 工艺流程

测量放线→锚固件安装→骨架制作安装→铝塑复合板（面板）加工→面板安装→嵌缝打胶→封修安装→避雷系统安装→清洗保洁。

2. 操作要点

（1）测量放线　根据设计和施工现场实际情况对主体结构进行复测，水平基准线必须重新设置。

1）将误差机会较少的 1 个或几个楼层定为放线基准层，其他楼层的基准线均由基准层引出确定。

2）按设计在基准层标出幕墙定位线和分格线。

3）用经纬仪将幕墙的阳角、阴角引上，并用固定在钢支架上的钢丝线（两端用花篮螺丝收紧）作控制线。用水准仪和标准钢卷尺引出各楼层的标高线；确定每个立面的中线。

4）放线定位后要对控制线定时校核，以确保幕墙垂直度和立柱位置的正确。

5）所有外装饰装修工程统一放线，并注意施工配合，避免各专业施工因测量放线误差发生矛盾。

6）根据现场放线数据核对建筑设计施工图，校核分格排布图，调整下料尺寸。

（2）锚固件安装　骨架锚固件应尽量采用预埋件，在无预埋件的情况下采用后置埋件。埋件的结构形式要符合设计要求，施工前要根据基准轴线和中线以及基准水平点对预埋件进行检查和校核，一般允许位置尺寸偏差为±20mm。

锚栓要进行现场拉拔试验，满足强度要求后才能使用。如有预埋件位置超过允许偏差而无法使用或漏放时，应根据实际情况提出选用膨胀螺栓固定后置埋件的方案，并报设计单位审核批准，且应在现场做拉拔试验，做好记录。锚固件一般由埋板和连接角码组成，施工时按照设计要求在已测放竖框中心线上准确标出埋板位置，打孔将埋件固定，并将竖框中心线引至埋件上，然后计算出连接角码的位置，在埋板上划线标记，同一竖框同侧连接角码位置要拉通线检测，不能有偏差。角码位置确定后，将角码按此位置焊到埋板上，焊缝宽度和长度要符合设计要求，焊完后焊口要重新做防锈处理，一般涂刷防锈漆两遍。

（3）骨架制作安装

1）确立基准层框架。根据基准线及测出的外墙面误差进行基准层框架安装，确定基准层，然后将基准框立好，每个平面选择两根或三根（视长度而定）基准框。基准框要保证位置垂直，水平高度绝对准确。基准框立好后，再将基准层框架安装完并检查各面框的位置是否与设计相符。检查无误后，将质量检测记录提交业主及监理单位复检，经复检合格后，依次安装其他框架。

2）骨架与主体连接。骨架由竖框通过连接钢角码与预埋件和主体连接，钢角码与竖框接触面用尼龙垫隔开，以防止不同金属间的电位腐蚀。转接钢角码与预埋板用焊接的方式连接，采用先点焊、再调整、调整准确后再满焊的方法。焊接后刷防锈漆，并做防腐处理。

3）竖框与竖框连接。安装基准竖框时，竖框上端按上述方法安装，竖框下端插入一根插芯，把插芯预固定在主体上。基准框以上的竖框在安装时，先把竖框放在工作台上做好立框准备工作，然后抬到指定位置，把竖框下端套在基准框上端的插芯上，竖框与竖框之间垫入伸缩垫，竖框上端连接焊牢后，将伸缩垫撤掉，保证竖框之间留下伸缩缝的距离。每支竖框都是上端固定，下端可伸缩，满足在温度发生变化时，竖框有一定的伸缩范围。

安装基准框以下的竖框时，先将基准框下端的插芯卸掉，插入下边竖框上端空腔内，再插入基准框下端空腔内，保持足够的伸缩缝，调节竖框位置的准确度，最后连接牢固，下边的框架安装依此类推。带窗竖框由上下插芯与上部梁及窗台板连接。

4）竖框与横框的连接。竖框与横框通过铝角片和螺栓连接。首先根据分格把一组横框套在相邻两竖框对应的角片位置上，横框与竖框接触面垫上胶皮垫（避免硬接触，当温度发生变化时，横框与竖框能够自由伸缩）。调整横框的进出位置，使横框外表面与竖框外表面保持在一个垂直面上；调整横框的上下位置，并用水平仪检测横框的水平度，确保横框的位置符合设计图纸分格尺寸的要求，然后用螺栓把横框和角片连接在一起。

横竖框在安装之前，型材外表面贴保护胶带，与玻璃接触表面要事先穿入胶条，避免玻璃与型材硬接触。穿胶条时，首先豁断一条与横竖框长度相应的胶条，然后穿入横竖框的凹槽内。穿胶条时要杜绝中间短缺现象，胶条连接处要用专用胶粘接。

（4）铝塑复合板（面板）加工　铝塑复合板的加工应在洁净的专门车间内进行，加工的工序主要为铝塑复合板裁切、刨沟和固定。

1）铝塑复合板裁切。板材的裁切可用剪床、电锯、圆盘锯和手电锯等工具，按照设计要求加工出所需尺寸。

2）铝塑复合板刨沟。铝塑复合板的刨沟有两种机具，一种是带有床体的数控刨沟机，另一种是手提电动刨沟机。

刨沟机上带有不同的刨刀，通过更换不同的刨刀，可在铝塑复合板上刨出不同形状的沟。铝塑复合板的刨沟深度应根据板材的厚度而定。

板材被刨沟以后，再按设计对边角进行裁剪，就可将板材弯折成所需要的形状。

3）铝塑复合板与副框及加强筋的固定。

① 板材边缘弯折后，要同副框固定成型，同时根据板材的性质及具体分格尺寸的要求，在板材背面适当的位置设置加强筋。

② 副框与板材的侧面可用抽芯铝铆钉紧固，铆钉间距应在 200mm 左右。在副框与板材间用结构胶粘结。

③ 铝塑复合板组框中采用双面胶带，只适用于较低建筑的金属板幕墙。

（5）面板安装　钢骨架焊接完成后，应保证连接牢固，位置尺寸准确，立柱、横梁外侧面处于同一平面，铝塑板安装前，在钢骨架上弹出铝塑板安装的边线，定好板间接缝的位置。铝塑板加设边肋和中肋用结构胶与铝塑板相连接。板折边后的角部、切口用耐候胶密封。铝角长度通常为 35mm，沿板四周间距 300~400mm 布置，铝角与板通过抽芯铝铆钉连成一体；板安装自上而下进行，用高强自攻钉将板四周铝角固定在钢骨架上。面板要根据其材质选择合适的固定方式，一般采用自攻钉直接固定到骨架上或板折边加铝角后再用自攻钉固定。饰面板安装前要在骨架上标出板块位置，并拉通线，控制整个墙面板的竖向和水平位置。安装时要使各固定点均匀受力，不能挤压板面，不能敲击板面，以免发生板面凹凸或翘曲变形，同时饰面板要轻拿轻放，避免磕碰，以防损伤表面漆膜。面板安装要牢固，固定点数量要符合设计及规范要求，施工过程中要严格控制施工质量，保证表面平整、缝格顺直。

（6）嵌缝打胶　打胶要选用与设计颜色相同的耐候胶，打胶前要在板缝中嵌塞大于缝宽 2~4mm 的泡沫棒，嵌塞深度要均匀，打胶厚度一般为缝宽的 1/2。打胶时板缝两侧饰面板要粘贴美纹纸进行保护，以防污染，打完后要在表层固化前用专用刮板将胶缝刮成凹面，胶面要光滑圆润，不能有流坠、褶皱等现象，刮完后应立即将缝两侧美纹纸撕掉。阴雨天室外打胶操作不宜进行。

（7）封修安装　幕墙框架与工程建筑主体交接处做好封修处理，其材料选用铝塑板。首先根据封修节点结构把封修板加工成要求的形状。安装时一侧用抽心铆钉或自攻钉与框架连接在一起，另一侧保证与主体有足够的接触面，用射钉固定。封修板之间并逢处用耐候密封胶密封。为了起到保温防火的目的，封修板内部及层间封修之间还要用保温岩棉等材料填充。

（8）避雷系统安装　根据整体建筑工程避雷系统的特点，在幕墙框架安装过程中，每立一层框架按照避雷设计节点图，把幕墙框架与主体避雷系统连接起来，形成避雷网，避免因雷雨天气而使幕墙受到破坏。避雷系统的安装要符合国家有关的标准及规范。每一个带窗处，框架与墙内处至少连接一点。

（9）清洗保洁　待耐候胶固化后，将整片铝塑板墙用清水或中性清洗剂（清洗剂与饰面材料不能产生反应）清洗干净，个别污染严重的地方可采用有机溶剂清洗，但严禁用尖锐物体刮，以免损坏饰面板表层涂膜。清洗后要设专人保护，在明显位置设警示牌以防污染或破坏。

6.3　金属幕墙质量验收

主要指建筑高度不大于 150m 的金属幕墙工程。

1. 主控项目

1）金属幕墙工程所使用的各种材料和配件，应符合设计要求及国家现行产品标准和工程技术规范的规定。

检验方法：检查产品合格证书、性能检测报告、材料进场验收记录和复验报告。

金属幕墙工程所使用的各种材料、配件大部分都有国家标准，应按设计要求严格检查材料产品合格证书及性能检测报告、材料进场验收记录、复验报告。不符合规定要求的材料严禁使用。

2）金属幕墙的造型和立面分格应符合设计要求。

检验方法：观察；尺量检查。

3）金属面板的品种、规格、颜色、光泽及安装方向应符合设计要求。

检验方法：观察；检查材料进场验收记录。

4）金属幕墙主体结构上的预埋件、后置埋件的数量、位置及后置埋件的拉拔力必须符合设计要求。

检验方法：检查拉拔力检测报告和隐蔽工程验收记录。

5）金属幕墙的金属框架立柱与主体结构预埋件的连接、立柱与横梁的连接、金属面板的安装必须符合设计要求，安装必须牢固。

检验方法：手扳检查；检查隐蔽工程验收记录。

6）金属幕墙的防火、保温、防潮材料的设置应符合设计要求，并应密实、均匀、厚度一致。

检验方法：检查隐蔽工程验收记录。

7）金属框架及连接件的防腐处理应符合设计要求。

检验方法：检查隐蔽工程验收记录和施工记录。

8）金属幕墙的防雷装置必须与主体结构的防雷装置可靠连接。

检验方法：检查隐蔽工程验收记录。

金属幕墙结构中的防雷装置与主体结构的防雷装置的可靠连接十分重要，导线与主体结构连接时应除掉表面的保护层，与金属直接连接。幕墙的防雷装置应由建筑设计单位认可。

9）各种变形缝、墙角的连接节点应符合设计要求和技术标准的规定。

检验方法：观察；检查隐蔽工程验收记录。

10）金属幕墙的板缝注胶应饱满、密实、连续、均匀、无气泡，宽度和厚度应符合设计要求和技术标准的规定。

检验方法：观察；尺量检查；检查施工记录。

11）金属幕墙应无渗漏。

检验方法：在易渗漏部位进行淋水检查。

2. 一般项目

1）金属板表面应平整、洁净、色泽一致。

检验方法：观察。

2）金属幕墙的压条应平直、洁净、接口严密、安装牢固。

检验方法：观察；手扳检查。

3）金属幕墙的密封胶缝应横平竖直、深浅一致、宽窄均匀、光滑顺直。

检验方法：观察。

4）金属幕墙上的滴水线、流水坡向应正确、顺直。

检验方法：观察；用水平尺检查。

5）每平方米金属板的表面质量和检验方法应符合表6-1的规定。

表6-1　每平方米金属板的表面质量和检验方法

项次	项　目	质量要求	检验方法
1	明显划伤和长度>100mm的轻微划伤	不允许	观察
2	长度≤100mm的轻微划伤	≤8条	用钢尺检查
3	擦伤总面积	≤500mm^2	用钢尺检查

6）金属幕墙安装的允许偏差和检验方法应符合表6-2的规定。

表6-2　金属幕墙安装的允许偏差和检验方法

项次	项　目		允许偏差/mm	检验方法
1	幕墙垂直度	幕墙高度≤30m	10	用经纬仪检查
		30m<幕墙高度≤60m	15	
		60m<幕墙高度≤90m	20	
		幕墙高度>90m	25	
2	幕墙水平度	层高≤3m	3	用水平仪检查
		层高>3m	5	
3	幕墙表面平整度		2	用2m靠尺和塞尺检查
4	板材立面垂直度		3	用垂直检测尺检查
5	板材上沿水平度		2	用1m水平尺和钢直尺检查
6	相邻板材板角错位		1	用直角检测尺检查
7	阳角方正		2	用直角检测尺检查
8	接缝直线度		3	拉5m线，不足5m拉通线，用钢直尺检查
9	接缝高低差		1	用钢直尺和塞尺检查
10	接缝宽度		1	用钢直尺检查

小　结

金属幕墙是指幕墙面板材料为金属板材的建筑幕墙。金属幕墙按照面板的材质不同，可以分为铝单板、蜂窝铝板、搪瓷板、不锈钢板幕墙等，有的还用两种或两种以上材料构成金属复合板，如铝塑复合板、金属夹芯板幕墙等。按照表面处理方法不同，金属幕墙又可分为光面板、亚光板、压型板、波纹板等。

铝板幕墙主要由铝板饰面板、连接件、金属骨架、预埋件、密封条和胶缝等组成。根据安装方法不同，有直接安装和骨架式安装两种形式。与石材幕墙构造不同的是，金属面板采用折边加副框的方法形成组合件，然后再进行安装。

铝塑复合板幕墙用镀锌钢方管做为横梁立柱，用铝塑复合板做成带副框的组合件，用自攻螺钉固定，板缝垫杆嵌填硅酮密封胶。

金属幕墙工程所使用的各种材料、构件和组件的质量，构造特点和施工工艺应符合设计要求及国家现行产品标准和工程技术规范的规定。

思　考　题

1. 金属幕墙按照构造分类有哪些?
2. 铝板幕墙的构造组成有哪些?
3. 简述铝板幕墙的施工工艺。
4. 铝塑复合板幕墙的构造组成有哪些?
5. 简述铝塑复合板幕墙的施工工艺。
6. 金属幕墙的质量验收要点有哪些?

项 目 实 训

1. 实训目的

通过课堂学习结合课下实训达到熟练掌握金属幕墙工程项目技术交底、施工准备、材料制备、施工操作和质量验收整个运行过程施工操作要点和国家相应的规范要求，提高学生进行金属幕墙工程技术管理的综合能力。

2. 实训内容

进行金属幕墙工程的装饰施工实训（指导教师选择一个真实的施工现场或学校实训工厂，带学生实地操作实训），熟悉金属幕墙工程施工的基本知识，从技术交底、施工准备、材料制备、施工操作和质量验收全程模拟训练，熟悉金属幕墙工程施工操作要点和国家相应的规范要求。

3. 实训要点

1）通过对金属幕墙工程施工项目的运行与实训，加深对金属幕墙工程相关国家标准的理解，掌握金属幕墙工程施工过程和工艺要点，进一步加强对专业知识的理解。

2）分组制定计划并实施，培养学生团队协作的能力，获取金属幕墙工程施工管理经验。

4. 实训过程

1）实训准备要求

① 做好实训前相关资料查阅工作，熟悉金属幕墙工程施工有关的规范要求。

② 准备实训所需的工具与材料。

2）实训要点

① 实训前做好技术交底。

② 制定实训计划。

③ 分小组进行实训，小组内部应有分工合作。

3）实训操作步骤

① 按照施工图要求，确定金属幕墙工程施工要点，并进行相应技术交底。

② 利用金属幕墙工程加工设备统一进行幕墙工程施工。

③ 在实训场地进行金属幕墙工程实操训练。

④ 做好实训记录和相关技术资料整理。

149

⑤ 进行小组互评和最终评定。

4）教师指导点评和疑难解答。

5）实地观摩。

6）进行总结。

5. 项目实训基本步骤

步　骤	教师行为	学生行为
1	交代工作任务背景，引出实训项目	（1）分好小组 （2）准备实训工具、材料和场地
2	布置金属幕墙工程实训应做的准备工作	
3	明确金属幕墙工程施工实训的步骤	
4	学生分组进行实训操作，教师巡回指导	完成金属幕墙工程实训全过程
5	指导点评实训成果	自我评价或小组评价
6	实训总结	小组总结并进行经验分享

6. 项目评估

项目：　　　　　　　　　　　　　　　　　　　　　　　　　　　　　指导老师：		
项目技能	**技能达标分项**	**备　　注**
实训报告	1. 交底完善，得 0.5 分 2. 准备工作完善，得 0.5 分 3. 操作过程准确，得 1.5 分 4. 工程质量合格，得 1.5 分 5. 分工合作合理，得 1 分	根据职业岗位、技能需求，学生可以补充完善达标项
自我评价	对照达标分项，得 3 分为达标； 对照达标分项，得 4 分为良好； 对照达标分项，得 5 分为优秀	客观评价
评议	各小组间互相评价，取长补短，共同进步	提供优秀作品观摩学习

自我评价

小组评价　达标率_____

　　　　　良好率_____

　　　　　优秀率_____

个人签名

组长签名_____

　　　　　　　　　　　　　　　　　　　　　　　　　年　　月　　日

项目 7 ▶▶▶▶▶

采光顶构造与施工

 学 习 目 标

通过本项目的学习，要求学生掌握采光顶的基本概念、分类和特点，熟悉玻璃采光顶、聚碳酸酯板采光顶、膜采光顶的构造与施工工艺；掌握采光顶施工质量验收要点。

7.1 概述

1. 采光顶

由透光面板与支撑体系（支撑装置与支撑结构）组成的，与水平方向夹角小于75°的建筑外围护结构称为采光顶（transparent roof）。最早的采光顶用玻璃作为部分屋面，所以称为玻璃采光顶。近些年，随着建筑材料的发展，更加安全轻便的透明塑料、膜材料越来越多地用在建筑采光顶中，形成新的建筑模式。

2. 玻璃采光顶的发展历程

早期屋面采光一般有两种做法，一种是用玻璃热压成形的玻璃弧瓦（如小青瓦），这种做法的缺点是采光面积小，只能在椽子间使用。另一种做法是在屋面需要采光的部位做一个专门采光口，上铺平板玻璃，这种采光口采光面积大，但是排水做法复杂，容易渗漏。

19世纪后期随着世界工业化进程，一批大型工业厂房兴起，由于单靠侧窗采光不能满足厂房内采光需要，因此出现了采光顶，常用的形式有采光罩、采光板、采光带、三角形天窗等。

20世纪铝合金型材用于建筑门窗、幕墙中，出现了铝合金玻璃采光顶，这种新型的采光顶在建筑中应用很广，形式多样。

20世纪80年代随着结构性玻璃装配技术的广泛应用，出现了铝合金隐框玻璃采光顶，这种采光顶由于玻璃表面没有夹持玻璃的压板，玻璃顶形成平坦的表面，使雨水畅通无阻下泄。

玻璃框架玻璃幕墙诞生的同时，出现了玻璃框架玻璃采光顶，这是一种支承系统（框架）与采光板全部采用玻璃的新型采光顶。

3. 采光顶在我国的应用

近年来，我国内地采光顶迅速发展，形式多样，技术水平不断提高。采光顶主要应用在下列工程中：

1）写字楼和旅馆建筑的中庭和顶层。

2）机场、车站的候机楼、候车楼顶盖，往往设置大面积可透光部分。

3）体育场馆的顶盖。

4）植物园温室、展览馆、博物馆的透明顶盖。

5）特殊的标志性建筑的透明顶盖。

4. 采光顶的物理性能

（1）安全性能（强度）　采光顶的各组成构件应具有较高的承载力，以满足抵抗风荷载、雨雪荷载、地震荷载以及构件自重的能力。各构件必须具有足够的强度，并保证连接牢固可靠。

（2）抗冲击性能　抗冲击性能指玻璃采光顶各构件抵抗由于天气原因或人为原因产生的不确定撞击的能力。提高采光顶的抗冲击性能应提高采光顶各个维护构件的强度，在透明材料的选择上应选用安全性能较好的夹层玻璃、钢化玻璃等。

（3）抗震性能　玻璃采光顶在地震作用下的破坏情况是多种多样的，所以玻璃采光顶的抗震设计应从两方面着手：主支承体系是玻璃采光顶抗震设计的主要环节，要求主支承体系水平平面变形在地震发生时限制在 1/800 以内；玻璃采光顶本身的抗震设计，与主支承体系的连接应可靠，平面内要有抗挤压变形的能力。

（4）空气渗透性能　空气渗透性能表征空气通过完全关闭状态下的玻璃采光顶的能力。在选材上，应选择气密性能良好的玻璃骨架，并且注意玻璃与骨架之间的密封处理。

（5）防水性能　防水性能是指玻璃采光顶在风雨同时作用下或积雪融化屋面积水的情况下，玻璃采光顶阻止雨水渗漏内侧的能力。采光顶要有足够的排水坡度，排水路线要短捷畅通。细部构造应注意接缝的密封，防止渗水。

（6）防结露性能　当室内外存在较大温差时，玻璃表面遇冷会产生冷凝水，可以选择中空玻璃等热工性能好的透光材料，同时提高玻璃窗的气密性；也可以在采光顶的内侧采取送风装置，提高采光顶内侧的表面温度，防止结露。构造上，玻璃采光顶坡面设计坡度不应小于 18°，使结露水沿玻璃下泄以防止其滴落，并在玻璃采光顶的杆件上设集水槽，将结露水汇流到室外或室内雨水管内。

（7）保温隔热性能　采光顶的保温隔热性能要求按《公共建筑节能设计标准》（GB 50189—2005）确定，选定面板材料后应分别进行热工计算。

（8）隔声性能　玻璃采光顶的隔声性能比普通屋盖隔声性能差得多，要保持室内环境安静，必须控制玻璃采光顶的隔声性能。在隔声方面，中空玻璃的隔声性能明显优于单层玻璃。

（9）防火性能　采光顶承重构件采用金属构件时，应设置自动灭火设备保护或喷涂防火材料，使其耐火极限达到 1h 的要求。采光顶的玻璃应采用夹层玻璃，其强度优于夹丝玻璃。玻璃采光层设置的喷淋装置，除下喷灭火外还应部分上喷以保护骨架和玻璃。

（10）防雷性能　采光顶的防雷要求应符合《建筑物防雷设计规范》（GB 50057—2010）的有关规定，采光顶的防雷装置应与主体结构的防雷体系有可靠的连接。一般情况无法在玻璃采光顶上设置防雷装置，而是将玻璃采光顶设在建筑物防雷保护范围之内，即玻璃采光顶设在建筑物防雷装置的45°线之内，且该防雷装置的冲击接地电阻不大于10Ω。

7.2　玻璃采光顶构造与施工

7.2.1　玻璃采光顶构造

1. 玻璃采光顶的形式

玻璃采光顶可分为：单体——单个玻璃采光顶；群体——在一个屋盖系统上，由若干单体玻璃采光顶在钢结构或钢筋混凝土结构支承体系上组合成一个玻璃采光顶群；联体——由几种玻璃采光顶以共用杆件连成一个整体的玻璃顶。

玻璃采光顶按其设置地点有敞开式和封闭式，按功能分为密闭型和非密闭型两种。

（1）单体玻璃采光顶

1）单坡（锯齿形）：一个方向排水，杆件按一定间距以单坡形式架设在主支承系统上，玻璃安放在杆件上，并进行密封处理，坡形有直线型和曲面型。

2）双坡（人字形）：以同一屋脊向两个方向起坡的采光顶，其坡形有平面和曲面两种。单坡和双坡玻璃采光顶按设置部位可分为整片式和嵌入式两种，按与屋盖的分类可分为独立式、嵌入式与骑脊式。

3）四坡：是两坡采光顶的一种特殊形式，即两坡采光顶的两山墙不是采用垂直的竖壁，而是采用坡顶，平面形式分为等跨度和变跨度两种。按设置部位可分为独立式和嵌入式。

4）半圆：杆件与玻璃以一个同心圆为基准弯成半圆形，再组合成半圆采光顶。平面上可分为等跨度和变跨度两种。按设置部位分为独立式和嵌入式。

5）1/4圆：杆件与玻璃按同心圆各自弯曲成型，再组合成1/4圆外形的采光顶。

6）锥形：锥形采光顶由杆件组合成锥形，玻璃按分块形状（矩形、梯形、三角形）及尺寸分别制作后安装在杆件上。通常采用的有三角锥、四角锥、五角锥、六角锥、八角锥等。按设置部位分为独立式和嵌入式。

7）圆锥：平面为圆形的锥体，一般镶嵌在屋盖某一部位上。

8）折线型：一般采用半圆或圆内接折线型，折线又分为等弦长折线和不等弦长折线。

9）圆穹：以一个同心圆将杆件和玻璃弯曲成符合各自所在部位的圆曲形，再组合成圆穹采光顶，玻璃需用符合各自所在部位的各种模具热压成型，工艺较为复杂，成本也很高，大多镶嵌在屋面上。

10）拱形：轮廓一般为半圆形，用金属材料做拱骨架，根据空间的尺度大小和屋顶结构形式，可以布置成单拱，或几个并列布置成连续拱。

11）气帽型采光顶：用于屋面通风口，屋面通风口的侧边是百叶窗（多数为透明百叶窗），顶盖用帽形采光顶组合成气帽型采光顶。

12）异型采光顶：随着建筑风格的多样化，各种异型采光顶应运而生，贝壳型、宝石型、三心拱折线型并配对月牙型球网架等。

（2）玻璃采光顶群　在一个屋面单元上，可以由若干个单体玻璃采光顶组合成玻璃采光顶群。采光顶群按平面布置方式可分为连续式和间隔式。

（3）联体玻璃采光顶　联体玻璃采光顶系指几种不同形式的单体玻璃采光顶以共同的杆件组合成的一个联体玻璃采光顶，或玻璃采光顶与玻璃幕墙以共用的杆件组合成一个联体采光顶与幕墙体系。

联体采光顶在组合时要特别注意排水设计与连接设计，即所有交接部位必须用平脊或斜脊以及直通外部带坡的平沟或斜沟连接形成外排水系统。采用内排水时不应形成凹坑。

采光顶的形式如图7-1所示。

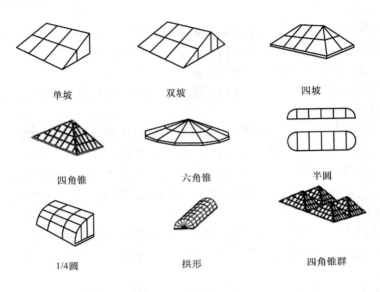

图7-1　采光顶的形式

2. 玻璃采光顶的构造组成

玻璃采光顶的构造设计是研究玻璃采光顶各组成部分，包括构件与构件之间以及构件本身的组合原理和构造方法。

玻璃采光顶是由支撑结构和透光面板组成的结构体系。其中，透光面板还包括玻璃面和支撑骨架。玻璃面与骨架的连接方式可采用点支撑方式（夹板或钢爪支撑）和框支撑方式（明框、隐框和玻璃框架）。

（1）点支撑方式　在实际应用中，点支式玻璃采光顶的支承结构形式很多，常见的有：

1）钢结构支承，有钢桁架、钢网架、钢梁、钢拱架支承等。

2）索结构支承，有鱼腹式索桁架、轮辐式索结构、马鞍形索结构、空间索网、单层索网结构支承等。

3）玻璃梁支承，有钢结构与玻璃梁复合式、索结构与玻璃梁复合式、玻璃梁与其他材质的梁复合支承等。

点支撑方式包括夹板和钢爪支撑两种形式。玻璃通过杆件和主支撑结构相连接。点支撑方式采光顶构造如图7-2所示。

（2）框支撑方式

1）明框玻璃采光顶。明框玻璃采光顶的构造方式大多是在倾斜和水平的元件组成的框格上镶嵌玻璃，并用压板固定夹持玻璃。玻璃是围护构件，框格本身形成镶嵌槽。通常仅是

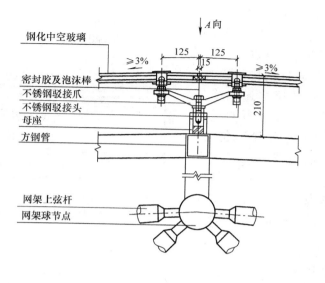

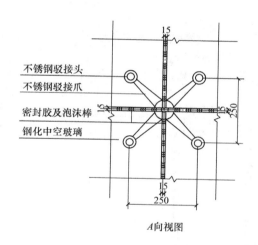

A 向视图

图 7-2　点支撑方式采光顶构造示意图

骨架固接在支承结构上，由它传递采光顶的自重、风雪荷载。玻璃骨架明显地表现在建筑外表面上是明框采光顶设计的独有特征。明框玻璃采光顶构造如图 7-3 所示。

2）隐框玻璃采光顶。隐框玻璃采光顶由于采用了结构性玻璃装配方法安装玻璃，不需要用压板夹持固定玻璃，玻璃外表面没有突出玻璃表面的铝合金杆件，这样就使采光顶上形成一个平直且无突出物的表面，雨水可无阻挡地流动。隐框玻璃采光顶分整体式和分离式两类。

整体式是指将玻璃直接粘接在框架杆件上的玻璃采光顶。分离式是玻璃与框架分离，即玻璃不是直接粘接在框架杆件上，而是将玻璃粘接在玻璃框上，再用固定片将玻璃框固定在框架杆件上。根据玻璃框固定在框架上的固定方法不同分为内嵌式、外挂内装固定式和外挂外装固定式。隐框玻璃采光顶构造如图 7-4 所示。

3）玻璃框架玻璃采光顶。玻璃框架玻璃采光顶采用玻璃作为框架，将大片玻璃与玻璃

155

翼用结构密封胶粘接成一个整体,形成采光顶的传力体系。由于没有金属支承杆件,因而具有视野良好的特点。

　　玻璃框架玻璃采光顶的构造设计,一要保证荷载从大片玻璃传递到主支承结构体系,二要保证采光顶的整体稳定性,能维持自身的形状和位置。玻璃框架玻璃采光顶的玻璃宜采用热反射夹层玻璃或中空玻璃,这样能防止眩光,且传热系数较低,可以防止结露。玻璃框架玻璃采光顶构造如图7-5所示。

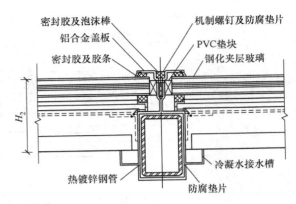

图7-3　明框玻璃采光顶构造示意图

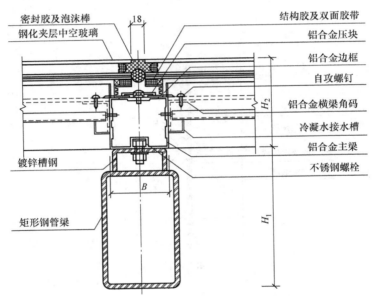

图7-4　隐框玻璃采光顶构造示意图

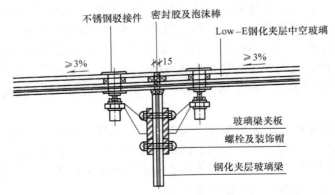

图7-5　玻璃框架玻璃采光顶构造示意图

3. 玻璃采光顶的细部构造要求

（1）玻璃的安装　用采光罩作屋面时，采光罩本身具有足够的刚度和强度，不需要用骨架加强连接，只要直接将采光罩安装在玻璃屋顶的承重结构上即可。其他形式的玻璃顶则是由若干玻璃拼接而成，所以必须设置骨架。骨架一般采用铝合金或型钢。在骨架和玻璃的连接中要注意进行密封防水处理，要考虑积存和排除玻璃表面的凝结水，断面要细小，不要挡光。

（2）玻璃采光顶与支撑结构的连接　玻璃采光顶支承在单梁、桁架、网架等支撑结构上，要处理好玻璃采光顶与这些结构的连接配合。

当支撑结构和采光顶骨架相互独立时，两者之间应由金属连接件做可靠的连接。骨架之间及骨架与支撑结构的连接，一般采用专用连接件。无专用连接件时，应根据连接所处的位置进行专门的设计，连接件一般采用型钢与钢板加工制成，并且要求镀锌。连接螺栓、螺钉应采用不锈钢材料。

玻璃采光顶安装好以后，还要进行玻璃采光顶与主支承结构连接处的填缝处理，因此在群体玻璃采光顶之间要留有一定间距，以便进行填缝施工，一般要求两采光顶之间间距为 150～200mm。

4. 玻璃采光顶的防水设计

（1）玻璃采光顶防水的基本特点

1）组成采光顶的材料本身不具有吸水性。

2）防水措施处理空间有限。

3）屋面玻璃是位于建筑物顶端与水平面夹角小于 75° 的玻璃面层，汇水面积比较大。

4）阳光作用于采光顶表面，易使各种材料产生热变形。密封材料的抗紫外线能力和抗热老化性是保证采光顶防水性的重要因素。

5）采光顶表面易形成积水和积灰，容易带来渗水和影响美观的不良后果。

6）缝隙是采光顶渗漏的主要通道。

（2）玻璃采光顶排水构造设计主要解决的两个问题

1）确定适宜的排水坡度。确定一个合适的坡度对玻璃采光顶排水是很重要的。采光顶的坡度是由多方面因素决定的，其中地区降水量、玻璃采光顶的体形、尺寸和结构构造形式对玻璃采光顶坡度影响最大。玻璃采光顶内侧冷凝水的排泄和玻璃采光顶的自净也是必须考虑的重要因素。一般情况下玻璃采光顶坡面与水平的夹角以 18°～45° 为宜。传统平面屋顶找坡一般有两种方法，即结构找坡和材料找坡。

2）合理组织排水系统。合理组织排水系统主要是确定玻璃采光顶的排水方向和排水方式。为了使雨水迅速排除，玻璃采光顶的排水方向应该直接明确，减少转折。檐口处的排水方式通常分为无组织排水和有组织排水两种。

无组织排水是玻璃伸出主支承体系形成挑檐使雨水从挑檐自由下落。这种玻璃采光顶的檐口没有非玻璃的檐沟，外观体现出全玻璃气派，而且构造简单，造价经济，但落水时会影响行人通过，更重要的是檐口挂冰往往会破坏玻璃。

有组织排水是把落到玻璃采光顶上的雨水排到檐沟（天沟）内，通过雨水管排泄到地面或水沟中。有组织排水又分为外排水和内排水，天沟外排水如图 7-6 所示。

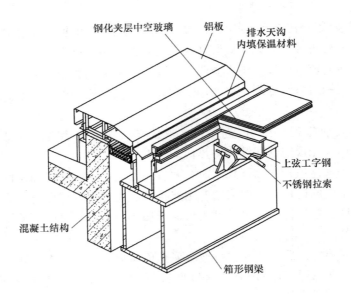

图 7-6　玻璃框架采光顶天沟外排水示意图

5. 采光顶的防冷凝水构造设计

（1）结露冷凝水及防治措施　结露冷凝水是玻璃采光顶漏水的主要水源之一。结露是由于湿空气在介质两侧的温度达到一定差别时介质表面的凝水现象。为减少结露冷凝水的产生，主要有以下三种方法：

1）应考虑采用中空玻璃，以改善保温隔热的性能。中空玻璃应采用双道密封结构，气体层的厚度不应小于9mm，内面应为夹层玻璃。

2）减少室内水蒸气的产生，考虑通过机械式除湿装置来去除多余的湿气。

3）对容易产生结露的部位，应保持室内空气的流通，也可以在采光顶的内侧采取局部送风。

在构造设计上，玻璃采光顶坡面设计坡度不应小于18°，使结露水沿玻璃下泄以防止其滴落。在玻璃采光顶的杆件上设集水槽，将沿玻璃流下的结露水汇集，并使所有集水槽相互连通，将结露水汇流到室外或室内雨水管内。

（2）设置渗漏水二次排水槽和冷凝水集水槽　渗漏水排水槽应有效贯通且与主排水沟连通，并应有防止雨水倒流的措施，保证内侧结露冷凝水不滴落而是沿玻璃顺流汇集排泄。冷凝水集水槽的大小及形状应保证可能产生的冷凝水有序汇集及排出。

在设计采光顶结构的型材断面时，上层杆件的排水槽下底沿，应高于下层杆件排水槽的上边沿，这样能防止滴水。横框中排水槽的搭接延长部分能够促进横框向竖框的排水。冷凝水集水槽构造如图7-7所示。

（3）型材对接缝处的密封　传统的做法是将横竖框交接处铝型材间的防漏气和防水密封采用密封胶密封，这种做法的实际效果不佳。

为了避免此接缝漏水，可以设计一个柔性EPDM材质的塞紧堵头，用于横框与竖框之间的连接过渡，一方面防止水的渗漏，另一方面保证横梁的伸缩性。

158

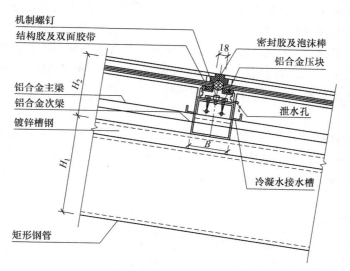

图7-7 冷凝水集水槽构造示意图

（4）积水消除 为最大程度地减少或消除外部密封处的积水，垂直于排水方向的横框设计为隐框更具防水性，而且具有减少灰尘和杂物积存量方面的优点。

（5）多道设防 天沟、檐沟经常受水流冲刷、雨水浸泡和干湿交替，为保证其可靠性，应增加设防道数，至少不低于三道设防。

6. 采光顶的节能设计

（1）采光顶的采光 尽量在室内利用自然光照明是节能的要求之一。采光顶在建筑平面中起到采光口的作用，使建筑室内空间有可能获得足够的自然光线。这一效果的实现依赖于采光方式、透光材料的选择以及适宜的构造技术措施三个方面。

（2）采光顶的遮阳 屋顶采光为建筑内部空间的自然采光提供了解决方法，但一方面阳光的直射有时会给室内造成眩光，引起人们的不适；另一方面，过度的阳光的入射还会产生因温室效应而导致内部温度升高的问题。因此要考虑采光顶的遮阳设计。

从遮阳的方式和放置位置来看，遮阳主要分为以下几个类型：选择性透光遮阳、内遮阳（包括固定遮阳、嵌入式遮阳、双层皮夹层遮阳等）、外遮阳、绿化遮阳等。

1）选择性透光遮阳。选择性透光遮阳利用玻璃或某些镶嵌材料对阳光具有选择性吸收、反射和透过的特性，来达到控制太阳辐射的目的。如磨砂玻璃、折光玻璃等，对太阳光波具有一定的折射或散射性能，使射到室内的阳光可向不同的方向散射出去。但玻璃的性能并不能随季节的不同而任意变化，例如热反射率高的镀膜玻璃，夏季能避免室内过热，但却会影响冬季对太阳能的利用。总之，利用玻璃材料本身来遮阳有一定的局限性。

2）内遮阳。内遮阳不受直接的屋面外部负荷的影响，它通过玻璃向外反射太阳光以及太阳辐射。内遮阳包括固定遮阳、嵌入式遮阳、双层皮夹层遮阳等，是建筑物最常用的遮阳措施之一。

建筑内遮阳可采取悬挂窗帘、设置卷帘、百叶帘或百叶窗等形式。内置遮阳百叶分为活动百叶和固定百叶。内遮阳装置经济易行，调节灵活，但其隔热性能较为有限。

3）外遮阳。建筑外遮阳分为固定式外遮阳和活动式外遮阳。固定式外遮阳在建筑采光

159

顶中的设计包括隔栅板固定遮阳和固定百叶遮阳。活动式外遮阳具有较好的遮阳效果，遮阳的程度也可以根据居住者的意愿进行调节。

在遮阳隔热性能方面，外遮阳效果比内遮阳好。但外遮阳对遮阳构件的性能要求高，其成本也较高，并且不利于日常维护清洗。随着科技的发展，外遮阳将会被广泛应用于建筑中，因为它可以使建筑更加节能、环保。在条件允许的情况下，有时也可以同时使用两种或多种遮阳手段。

4）绿化遮阳。绿化遮阳是建筑立面遮阳采用的有效手段。在建筑顶部的遮阳中，如果采光顶的高度不是很高，可以考虑采用一些藤蔓植物来遮阳。但在实际应用中植物的设置位置不好控制，且不利于光线在室内的反射。一般在室内布置一些树木和水池以调节室内环境。

（3）采光顶的保温隔热

1）采光顶的保温隔热性能。增加玻璃的总传热热阻，可以提高玻璃的保温性能。增加玻璃的总传热热阻可以通过增加空气夹层的导热热阻来实现，同时还可以采用提高玻璃间的辐射换热热阻来获得。

2）窗框和支撑结构的保温隔热性能。采光顶是由玻璃、固定玻璃的窗框以及相关的支撑结构组成的，这些固定、支撑构件不仅承担玻璃自身的重量，还承担作用在玻璃表面的各种荷载，因此，要求这些构件具有一定的强度。以前的窗框往往采用强度很高的金属材料，如钢、铝型材等，但这些金属窗框具有很高的传热系数。

在设计中，应根据围护结构传热系数的要求，合理地进行玻璃、窗框以及支撑结构材料的选择。玻璃采光顶保温封边如图7-8所示。

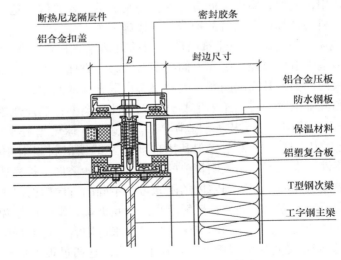

图7-8　玻璃采光顶保温封边

（4）采光顶的通风　在采光顶的设计中，可以考虑设置竖向的采光天窗，这样可以有效地避免可开启的水平天窗因融雪、下雨而产生的雨水渗漏问题，同时还可以用作中庭内部热气的排出口。玻璃采光顶开启构造如图7-9所示。

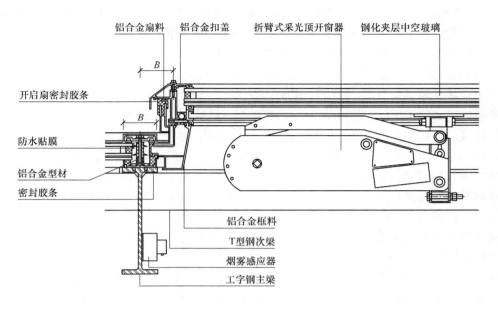

图 7-9　玻璃采光顶开启构造

7.2.2　玻璃采光顶施工

1. 玻璃采光顶施工工艺流程

测量放线及结构检查→钢结构安装→龙骨及玻璃托片安装→钢结构氟碳喷涂→玻璃板块安装→注胶及清理。

2. 玻璃采光顶施工工艺要点

（1）测量放线及结构检查　按建筑物的基准轴线、标高线进行复核，确定无误后，定出安装基准线。根据基准线拉设位置钢线，以此作为钢结构安装的基准，保证骨架安装符合设计及规范要求。

通过测量放线得到的结果对埋件进行复测，对不合格的埋件位置进行纠偏，或采取后补的方法进行纠正。

（2）钢结构安装　采光顶采用架设钢结构做为支撑系统。通过塔式起重机将钢构件吊至构架的平台上，用电动葫芦运输至安装部位，将纵向钢结构与主体结构进行可靠的连接，将钢结构与平板埋件相连，再将横向钢梁按放线要求与主梁焊接。

（3）龙骨及玻璃托片安装　采光顶钢结构支撑系统安装完毕后，进行龙骨安装，采用焊接或螺栓连接，安装完毕后进行玻璃不锈钢托片安装。

（4）钢结构氟碳喷涂　采光顶骨架安装完毕后进行氟碳喷涂，在氟碳喷涂之前对钢构件（包括焊接部位）均须以动力工具打磨，再采用钢丝刷清除打磨后的残留物，要彻底清除残留物及焊渣。钢材表面除锈应符合设计要求和国家现行有关标准的规定。处理后的钢材表面不应有焊渣、焊疤、灰尘、油污、水和毛刺等；构件表面不应误涂、漏涂，涂层不应脱皮和返锈。涂层应均匀，无明显皱皮、流坠、针眼和气泡等。除锈完毕经验收合格后方可进行氟碳喷涂工作。

（5）玻璃板块的安装

1) 玻璃安装前的准备。利用提升机将玻璃运输至主楼屋面平台，将平台处防护脚手架及障碍物拆除，保证玻璃的运输通道。利用卷扬机或电动葫芦将玻璃吊至骨架外，用大木方垫好，拆除包装木箱，再用吸盘依次抬到安装部位进行安装。

2) 玻璃安装。玻璃安装顺序为先安装斜向顶上两块玻璃，再安装竖向玻璃，最后安装斜向底下玻璃，玻璃安装是一个分格完成后进行下一个分格安装。

玻璃板块在加工厂已粘好副框，每块玻璃都有标号，按分格图上相应的标号位置将玻璃通过软性接触放在指定的位置框上，调整玻璃的左右位置，使玻璃的左右中心线与分格的中心线保持一致，用压块和预留螺栓将玻璃固定在框架上。玻璃的安装顺序基本是从里往外推进，每安装两块玻璃，安装一次压板，安装后的玻璃保持平整、协调。

玻璃板块依据垂直分格钢丝线进行调节，调整好后拧紧螺栓。相邻两板块高低差控制在＜1mm，缝宽控制在±1mm。

玻璃板块依据板块编号图进行安装，施工过程中不得将不同编号的板块进行互换。同时注意内外片的关系，防止玻璃安装后产生颜色变异。

（6）注胶及清理　对于玻璃采光顶，此工序非常重要，密封不好就会漏雨。板块安装固定完成后，进行注胶工序，先将保护胶带沿胶缝边缘贴好，胶缝部位用规定溶剂，按工艺要求进行净化处理，然后打胶、刮胶、拆除边缘保护膜，使基材与胶粘结牢固无孔隙，胶缝平整光滑，玻璃表面清洁、无污染。

7.3　聚碳酸酯板采光顶构造与施工

7.3.1　聚碳酸酯板采光顶

1. 聚碳酸酯透明采光顶

传统的玻璃采光顶采用钠钙玻璃，随着科学技术的发展，聚碳酸酯透明防碎片日益广泛使用于采光顶中。透明塑料片不仅具有玻璃的透射、折射、反射性能，而且具有无眩光、防碎、保温、防火等性能。

2. 聚碳酸酯透明采光顶类型

聚碳酸酯透明采光顶是采用结构胶或垫条将结构聚碳酸酯装配组件固定在铝合金或金属框格中形成的采光顶。这种采光顶从外形上大致可以分为四种类型：人字型采光顶、金字塔型（或群塔型）采光顶、围棋型采光顶及波浪型采光顶。

3. 聚碳酸酯透明采光顶的性能

1) 强度：聚碳酸酯塑料板的设计强度是玻璃的1.16倍。

2) 抗冲击性能：抗冲击力强，不易破碎，是用于垂直、顶部和倾斜部位替代玻璃的理想材料。

3) 保温性能：由传热系数大小决定，一般聚碳酸酯板的传热系数比玻璃小4%～25%，保温透明塑料板的保温性能高出普通玻璃40%，在相同条件下与玻璃采光顶相比，能有效节约11%的能源消耗。

4) 装饰性能：透明聚碳酸酯板具有良好的透光性，其质量轻，便于运输，安装方便，具有抗紫外线等性能，常用于新建工程或老建筑物改造工程表面，具有现代化的气息。

5) 热胀冷缩性：由于聚碳酸酯板线胀系数是普通玻璃的7倍，要求聚碳酸酯板伸入镶嵌槽的深度（即啮合边长）及其至底的间隙（即伸缩容许量）应经过计算，确保聚碳酸酯板与框之间的连接具有一定的塑性，以消减温差作用、地震作用以及瞬时风压作用引起的变形。

7.3.2　聚碳酸酯板采光顶施工

1. 施工工艺流程

测量放线→安装采光板顶棚主骨架→调整、调平、固定采光板顶棚主骨架→安装、调平采光板顶棚次骨架→安装采光板外层→打胶、安装压条→安装采光板内层→打胶、安装压条→采光板顶棚外部檐口细部调整与处理。

2. 施工工艺要点

（1）弹线　根据图纸的标高及采光板顶棚位置尺寸和已测定的中心线，弹出采光板顶棚主骨架位置线。

（2）设置埋件　根据采光板顶棚主骨架位置标高控制线，检查洞口反梁上表面标高是否符合设计要求，如有差异应剔凿或用高强度等级水泥砂浆找平处理，达到强度后，按深化设计节点详图预埋钢板尺寸放出膨胀螺栓位置线，然后钻孔安放膨胀螺栓，安装钢板并用胀栓固定，再将主骨架中心线投至预埋钢板上。

（3）安装主骨架　根据弹出的采光板顶棚主骨架位置线，先安装两端、后安装中间部分，其方法是将方钢管（镀锌）主骨架在屋面上组装好后，安放在位置线上，用线坠吊垂直面，中间临时固定后与预埋钢板进行焊接。两端主骨架安好后，拉中间和两侧各 1500mm 高度（从钢板两端支座往上量）三条纵向通线后，再从一端向另一端逐个安装至全部完成。

（4）安装次骨架　在采光板顶棚主骨架安装固定完毕后，安装采光板顶棚方钢次骨架，并调准位置，调平后与主骨架焊接固定。在安装采光板的同时，安放防潮剂。

（5）安装外层采光板　按照深化设计排布位置，将准备好的尺寸合适的外层采光板进行安装，安装完后采光板的边、纵缝、横缝在一条线上。

（6）打胶、安装压条　在充分检查外层采光板的安装质量后，打耐候胶，安装专用铝合金压条。安装压条的螺钉间距及位置必须符合设计要求。

（7）安装内层采光板　按照设计位置，将准备好的尺寸合适的内层采光板进行安装，安装时应将上层板底用白毛巾清擦干净，同时将内层采光板上面清擦干净后方允许安装，以免夹层污染无法清洗，影响效果。

（8）打胶、安装压条　在充分检查内层采光板的安装质量后，打耐候胶，安装专用铝合金压条。压条的螺钉间距及位置必须符合设计要求。

在采光板全部安装完毕后，采光板顶棚外檐周圈也必须按图纸中的节点要求进行施工。在外檐全部封闭完后（含玻璃幕山墙）才可以将防护棚拆除。防护棚必须按脚手架拆除要求进行拆除，并进行成品保护，防止将成品砸坏。

7.4　膜采光顶构造与施工

7.4.1　膜采光顶概述

膜结构采光顶是一种非传统的全新结构形式，其设计与施工方式也迥异于传统结构。膜结构采光顶根据结构形式可分为三类，即骨架式膜结构采光顶、充气式膜结构采光顶和张拉式膜结构采光顶。膜结构屋顶具有自重轻、造型优美、施工速度快、安全可靠、经济效益明显等优点。膜结构采光顶的建筑要求如下：

（1）膜面雨水的排放　膜结构采光顶应有足够的坡度以解决排水和积雪问题，以免引发重大工程事故。通常，膜面的坡度应不小于1:10。多数膜结构采用无组织排水方式，此时应注意雨水对地面和墙面的污染。利用建筑物自身的某些形状特点，可设置有组织排水。

（2）防火与防雷　PTFE膜材是不可燃材料，PVC膜材是阻燃材料。对于永久性建筑，宜优先选用不可燃类膜材。当采用阻燃类膜材时，应根据消防部门的要求采取适当措施。例如，应保证建筑物的顶棚与地板之间的距离在8m以上，并且避免膜材及其连接件与可能存在的火源接触。建于建筑物顶层或空旷地段的膜结构要采取防雷措施。

（3）采光　膜材的采光性较好，在阳光的照射下，由于漫散射的作用，可使建筑物内部呈现明亮效果，因而在白天通常不需要照明。膜结构特别适用于体育馆、展览厅和天井等对采光要求较高的建筑物。当采用内部照明时，灯具与膜面应保持适当距离，以防止灯具散发出的热量将膜面烤焦。

（4）声学问题　膜结构的声学问题包括对内部声音的反射和对外部噪声的屏蔽两方面。织物膜材对声波振动具有很强的反射性，这种反射性会使声音受回音影响，不利于人听清楚。对于具有内凹面的建筑，如充气膜结构或拱支式膜结构，顶棚会使声波反射汇集。另外，声波穿过织物膜材时的衰减也是需要考虑的，通常单层膜的隔声性能仅为10dB左右。一种较为可行的方法是在膜结构顶棚上每隔一段距离悬挂一些标牌，以增加对声波的吸收，并改变顶棚的曲线造型，从而改变反射方向。

（5）隔热、保温与通风　膜结构建筑的保温隔热性能较差，单层膜材的保温性能大致相当于夹层玻璃，故仅适用于敞开式建筑或气候较温暖的地区。当对建筑物的保温性能有较高要求时，可采用双层或多层膜构造。一般两层膜之间应有25～30cm的空气隔层，还应该注意解决内部结露问题。当用于游泳池、植物园等内部湿度较大的建筑时，湿空气接触膜内表面易产生结露，可采取室内通风、安装冷凝水排出口或安装空气循环系统等措施。

（6）与环境协调　膜结构与周围环境的协调除了要在建设场地、建筑造型、膜材料的选择（如色彩、质地）等方面加以考虑外，在细部处理上也要考虑与环境的结合与协调。

（7）防结露　防止结露发生同样有两种方式：一是减少夹层空气的湿度，向夹层内通入室外空气，加大夹层空气的换气次数，使得夹层空气的含湿量与室外相当，但为了保证夹层空气温度不下降很多，应对通入的室外空气进行加热，由于通风量很大，加热量也会很大；二是提高钢结构表面的温度，如在结构钢柱表面贴上定形相变材料，在晴朗的天气，可利用白天吸收的太阳辐射来减缓夜间钢结构表面温度的下降，从而降低结露的危险。

7.4.2　膜采光顶构造

膜结构建筑组成主要包括造型膜、支撑结构和钢索等。

（1）膜结构材料　膜结构材料一般由膜材、纤维材料和表面涂层构成，如图7-10所示。

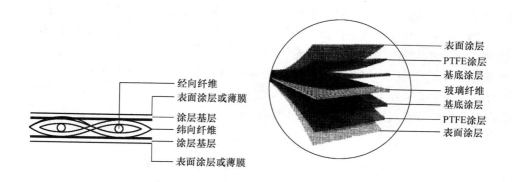

图 7-10   膜结构材料示意图

（2）膜结构屋顶造型　膜结构可以构成单曲面、多曲面等不同建筑结构形式，满足了建筑师对建筑与美学高度统一的要求。柔性材料具有透光和防紫外线功能，在一些室外建筑和环境小品中得到广泛的应用。正是由于这一特征，夜间的灯光设计使膜结构具有鲜明的环境标志特征。造型优美的膜材、不锈钢配件和紧固件以及表面处理严格的钢结构支撑，塑造出形式美观、设计合理的膜结构。膜结构在当今世界范围内的建筑环境设计中占有举足轻重的地位。膜结构屋顶造型如图 7-11 所示。

165

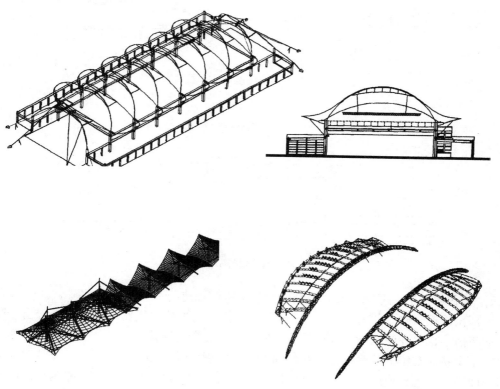

图 7-11   膜结构屋顶造型示意图

（3）膜结构构造

1）膜的连接。膜材的连接方法有机械连接、缝纫连接等。机械连接简称夹接，是在两个膜片的边沿埋绳，并在其重叠位置用机械夹板将膜片连接在一起。机械连接常用于大中型结构膜面与膜面的现场拼接。缝纫连接是用缝纫机将膜片缝在一起。采用缝纫连接时，需要留意选择缝纫用线的强度和耐久性。缝纫连接通常用于无防水要求的网状膜材结构中，或者是与热合连接同时应用在 PVC 涂覆聚酯织物的边角处理上，如图 7-12 所示。膜结构构件压接索头和钢棒拉杆节点与形式如图 7-13、图 7-14 所示。

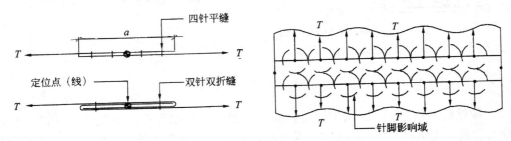

图 7-12　膜结构的缝纫连接示意图

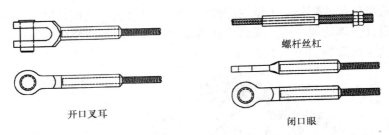

图 7-13　压接索头基本形式

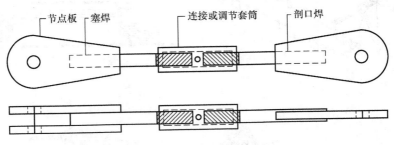

图 7-14　钢棒拉杆节点与形式

2）膜边界构造。考虑到安装的利便，除了将膜面进行必要的分块之外，还可以在膜面上边界部位焊接一些"搭扣"，以便于吊装及张拉，在张拉完成后再将其剪去。出于防水或美观的考虑，也可在膜面适当部位焊接一些用于笼盖用的膜片。

对于形状为圆锥形的膜结构，在帽圈处常用圆钢板或圆环与膜面相连，安装时通常也是先将膜面固定在钢板或圆环上再顶升，因而帽圈处膜的环向应变补偿值几乎为零。同样，靠近边索处的膜在沿索的方向很难张拉，应变补偿率也需作出调整。在刚性边界的膜结构中，中间部位的膜比较容易张拉，而靠近边界处的膜张拉就比较困难，边角处的应变补偿率也宜作出适当的调整。刚性边界的膜结构如图 7-15 ~ 图 7-18 所示。

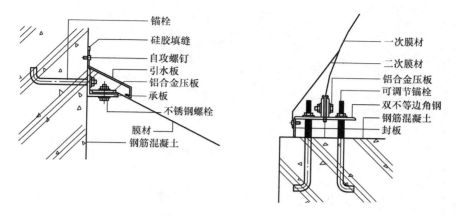

图 7-15 钢筋混凝土边界

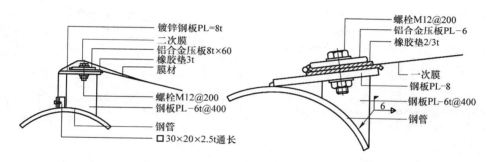

图 7-16 钢构边界连接构造

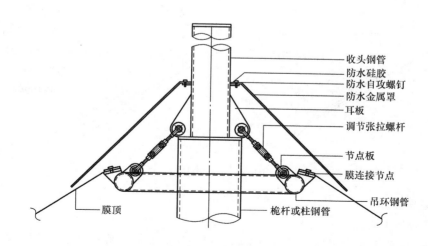

图 7-17 高点膜顶连接构造

167

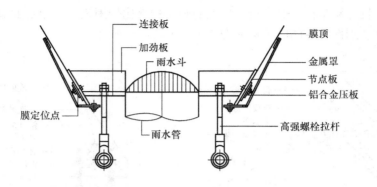

图 7-18　低点膜顶连接构造

柔性边界的膜结构边界构造更为复杂，如图 7-19 ~ 图 7-21 所示。

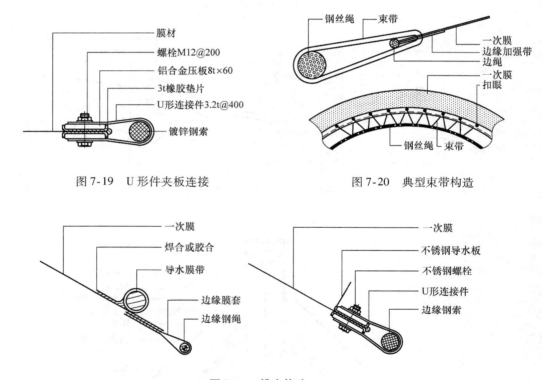

图 7-19　U 形件夹板连接　　　　　图 7-20　典型束带构造

图 7-21　排水构造

7.4.3　膜采光顶施工

1. 膜材的加工制作

膜材的主要加工流程包括：进料→检验膜材→膜片下料、编号→膜片编排放样→膜片初粘→驳接→包装。

由于膜材的裁剪、包装过程都较为复杂，各种角度变化较多，且加工精度要求非常高，所以在制作过程中要加强质量管理，保证制作精度。加工时的注意事项有：

1）膜材经检验后要运进已除尘的清洁车间。在下料区、编排放样区、驳接区及三个区的连接处铺上柔质的胶板，避免膜片直接接触地面，防止磨损或者弄脏膜材。进入车间的人员必须穿洁净的衣服，换上车间专用的柔软拖鞋。

2）抽样取 20 组膜片和背贴条样品，采用 60mm 宽的驳接刀，确定 4 组不同的驳接温度、电流、压刀时间，驳接好后进行双向拉断试验，获取最佳受力和外观的驳接数据，填好确定的数据贴在驳接机上，膜片按此表数据进行驳接。其中热熔合方案应根据排水方向和膜片连接节点确定。在正式热合加工前，要进行焊接试验，确保焊接处强度不低于母材强度。

3）膜片下料按顺序要经三道程序：读取裁剪设计的坐标，取点；复核坐标，划下料线；复检坐标，落刀下料。然后贴上编号标签，抬到放样区。

由于索膜结构通常为空间曲面，裁剪就是用平面膜材表示空间曲面。这种用平面膜材拟合空间曲面的方法必然存在误差，所以裁剪人员在膜材裁剪加工过程中采取一些补救措施是有必要的。对已裁剪的膜片要分别进行尺寸复测和编号，并详细记录实测偏差值。裁剪过程中应尽量避免膜体折叠和弯曲，以免膜体产生弯曲和折叠损伤而使膜面褶皱，影响建筑美观。

4）在放样区，对已完成下料的膜单元的所有膜片进行放样，核对无误后划骑缝线。擦拭驳接缝的膜和背贴条时要用柔软的棉质布。

5）上驳接机时，背贴条设在膜的下底面，膜片与驳接刀对中后，压平、压稳膜片，使膜片在高频驳接过程中不产生移动。

6）超重的膜单元，驳接时再细分，最后驳接完成后用小型起重车搬移膜块，折叠包装。在包装前，应根据膜体特性、施工方案等确定完善的包装方案。如以聚四氟乙烯涂层的玻璃纤维为基层的膜材料可以以卷的方式包装，其中卷芯直径不得小于 100mm；对于无法卷成筒的膜体可以在膜体内衬填软质填充物，然后折叠包装。包装完成后，在膜体外包装上标记包装内容、使用部位及膜体折叠与展开方向。

2. 膜结构的安装与张拉

在膜材运输过程中要尽量避免重压、弯折和损坏。同时，在运输时也要充分考虑安装次序，尽量将膜体一次运送到位，避免膜体在场内二次运输，减少膜体受损的机会。

膜体安装包括膜体展开、连接固定、吊装到位和张拉成形四个部分。

1）打开膜体前，在平台上铺设临时布料，以保护膜材不被损伤及膜材清洁，严格按确定的顺序展开膜体。打开包装前应核对包装上的标记，确认安装部位，并按标记方向展开，尽量避免展开后的膜体在场内移动。在展开的膜面上行走时要穿软底鞋，不得佩带硬物，以防止刺穿膜材。

2）打开膜体后，用夹板将膜材与索连接固定。夹板的规格及间距均应严格按设计要求。对一次性吊装到位的膜体，也必须一次将夹板螺栓、螺母紧固到位。

3）目前索膜结构吊装较多应用多点整体提升法，是将已经成熟的整体"提升"技术加以改造用于索膜结构这种柔性结构的施工过程中，该工艺要求整个过程必须同步。起吊过程中控制各吊点的上升速度和距离，确保膜面的传力均匀。亦可采用分块吊装的方法，将膜体按平面位置分为若干作业块，每块膜体同样采用多点整体吊装技术。

4）未张紧的膜材在风载下容易鼓起造成破坏，所以在整个安装过程中要特别注意防止膜体在风荷载作用下产生过大的晃动，施工时应尽量在无风情况下进行。该阶段的任务是使膜布张紧不再松弛以承受荷载，操作上特别要注意避免由于张拉不均造成膜面皱褶。预应力的大小由设计人员根据材料、形状和结构的使用荷载而定，要求其最低值不能使膜面在基本的荷载工况组合（风吸力或者雪荷载）下出现局部松弛，一般常见的膜结构预应力水平为1~4kN/m，施工中通过张拉定位索或顶升支撑杆实现。对伞形膜单元，一般先在底部周边张拉到位，然后升起支撑杆在膜面内形成预应力；马鞍形单元则要对角方向同步或依次调整，逐步加至设定值；而对于由一列平行桁架支撑的膜结构，一般做法是当膜布在各拱架两侧初步固定的情况下，首先沿膜的纬线方向将膜布张拉到设计位置。在施工过程中应注意无论张拉是否能顺利到位，均不应轻易改变预先设定的张拉位置。若确定是设计问题，则应经结构工程师研究同意后方可作出修正。

安装质量的总体要求是：膜面无渗漏，无明显褶皱，不得有积水；膜面颜色均匀，无明显污染；连接固定节点牢固，排列整齐；缝线无脱落；无超张拉；膜面无大面积拉毛蹭伤。

7.5 采光顶质量验收

7.5.1 一般规定

1）建筑玻璃采光顶所选用的材料应符合国家现行产品标准的有关规定及设计要求，并应有出厂合格证及质量证明书。

2）建筑玻璃采光顶选用材料的力学性能应满足设计要求。寒冷及严寒地区的采光顶应满足寒冷地区防脆断的要求。

3）采光顶安全及耐久性符合设计要求。

4）当采用玻璃结构支承时，玻璃梁应采用钢化夹层玻璃，且不应承担侧向附加荷载。玻璃梁应对温度变形、地震作用和结构变形有较好的适应能力。

5）采光顶应采取合理的排水措施。

6）采光顶防结露（霜）应符合设计要求。

7）采光顶防火及排烟要求应符合《建筑设计防火规范》（GB 50016—2014）的有关规定。

8）采光顶的防雷要求应符合《建筑物防雷设计规范》（GB 50057—2010）和《民用建筑电气设计规范》（JGJ 16—2008）的有关规定。采光顶的防雷装置应与主体结构的防雷体系有可靠连接。

9）采光顶有防冰雹要求时，应符合设计要求。

10）采光顶的设计和施工应符合建筑节能设计标准。

7.5.2 制作及组装要求

1）采光顶玻璃采用点支安装方式时，连接件的钢材与玻璃之间宜设置衬垫或衬套，厚度不宜小于1mm，选用的材料在设计使用年限内不应失效。点支式支承装置应符合规范规定。

2）采光顶玻璃安装采用镶嵌形式时，图7-22所示的配合尺寸应符合表7-1、表7-2的规定。镶嵌用橡胶密封型材，应符合规范要求。

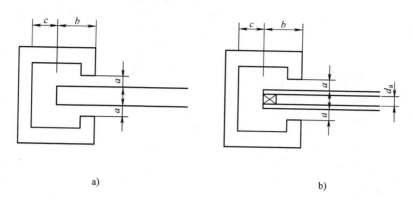

图 7-22　玻璃安装采用镶嵌形式

a）单片玻璃　b）中空玻璃

表 7-1　单片玻璃与槽口的配合尺寸　　　　　　　　　　（单位：mm）

前部余隙或后部余隙 a	嵌入深度 b	边缘余隙 c
≥6	≥18	≥6

表 7-2　中空玻璃与槽口的配合尺寸　　　　　　　　　　（单位：mm）

前部余隙或后部余隙 a	嵌入深度 b	边缘余隙 c
≥7	≥20	≥7

3）采光顶玻璃安装采用胶粘安装方式时，应进行剥离试验。其方法应符合隐框玻璃结构组件切开剥离试验方法。

4）隐框玻璃采光顶结构装配组件组装（安装）允许偏差见表 7-3、表 7-4。

表 7-3　隐框采光顶结构性玻璃装配组件胶缝尺寸允许偏差

序号	项目		允许偏差/mm
1	铝合金框长、宽尺寸		±1
2	组件长、宽尺寸		±1.5
3	铝合金框（组件）对角线(角到对边垂高)差	≥2000mm	≤3
		<2000mm	≤2
4	铝合金框接缝高度差		≤0.3
5	铝合金框接缝间隙		≤0.4
6	胶缝宽度		0，+2.0
7	胶缝厚度		0，+0.5

表7-4　隐框采光顶结构性玻璃装配组件安装允许偏差

序号	项目		允许偏差/mm
1	檐口位置差	相邻两组件	≤2
		长度≤10000mm	≤3
		长度>10000mm	≤6
		全长方向	≤10
2	组件上缘接缝的位置差	相邻两组件	≤2
		长度≤15mm	≤3
		长度≤30mm	≤6
		全长方向	≤10
3	屋脊位置差	相邻两组件	≤3
		长度≤10000mm	≤4
		长度>10000mm	≤8
		全长方向	≤12
4	一条缝隙宽度差		≤1
5	同一平面内平面度	接缝处	≤1
		相邻两组件	≤3

5）玻璃梁结构采光顶结构性装配组件安装允许偏差见表7-5。

表7-5　玻璃梁结构采光顶结构性装配组件安装允许偏差

序号	项目		允许偏差/mm
1	组件边长/mm	≤2000	±1.5
		≤3000	±2
		≤4000	±3
		>4000	±4
2	组件对角线 （角到对边垂线长） /mm	≤3000	±2
		≤4000	±3
		≤5000	±5
		>5000	±7
3	组件垂高/mm	≤1500	±1
		≤2000	±1.5
		≤3000	±2.5
		>3000	±3.5
4	接缝高低差		≤0.5
5	胶缝底宽度		0，+2

6）玻璃梁结构采光顶安装允许偏差见表7-6。

表 7-6 玻璃梁结构采光顶安装允许偏差

序号	项目		允许偏差/mm
1	脊（顶）水平高差		±3
2	脊（顶）水平错位		±2
3	檐口水平高差		±3
4	檐口水平错位		±2
5	跨度（对角线或角到对边垂高）差	≤3000	±3
		≤4000	±4
		≤5000	±6
		>5000	±9
6	上表面平直	≤2000	±1
		≤3000	±3
		>3000	±5
7	胶缝底宽度	与设计值相比	0，+2
		同一胶缝	0，+0.5

小　　结

　　由透光面板与支撑体系（支撑装置与支撑结构）组成的，与水平方向夹角小于75°的建筑外围护结构称为采光顶。

　　玻璃采光顶可分为：单体——单个玻璃采光顶；群体——在一个屋盖系统上，由若干单体玻璃采光顶在钢结构或钢筋混凝土结构支承体系上组合成一个玻璃采光顶群；联体——由几种玻璃采光顶以共用杆件连成一个整体的玻璃顶。玻璃采光顶按其设置地点有敞开式和封闭式，按功能分为密闭型和非密闭型两种。

　　玻璃采光顶是由支撑结构和透光面板组成的结构体系。其中，透光面板还包括玻璃面和支撑骨架。玻璃面与骨架的连接方式可采用点支撑方式（夹板或钢爪支撑）和框支撑方式（明框、隐框和玻璃框架）。

　　传统的玻璃采光顶采用钠钙玻璃，随着科学技术的发展，聚碳酸酯透明防碎片日益广泛使用于采光顶中。透明塑料片不仅具有玻璃的透射、折射、反射性能，而且具有无眩光、防碎、保温、防火等性能。

　　膜结构采光顶是一种非传统的全新结构形式，其设计与施工方式也迥异于传统结构。膜结构采光顶根据结构形式可分为三类，即骨架式膜结构采光顶、充气式膜结构采光顶和张拉式膜结构采光顶。膜结构屋顶具有自重轻、造型优美、施工速度快、安全可靠、经济效益明显等优点。

　　采光顶工程所使用的各种材料、构件和组件的质量、构造特点和施工工艺应符合设计要求及国家现行产品标准和工程技术规范的规定。

思　　考　　题

1. 何为采光顶？采光顶主要应用在哪些工程？

173

2. 采光顶的物理性能要求有哪些？

3. 玻璃采光顶的形式有哪些？

4. 玻璃采光顶的构造组成有哪些？

5. 简述玻璃采光顶的施工工艺。

6. 聚碳酸酯板采光顶的构造组成有哪些？

7. 简述聚碳酸酯板采光顶的施工工艺。

8. 膜采光顶的构造组成有哪些？

9. 简述膜采光顶的施工工艺。

10. 采光顶的质量验收要点有哪些？

项 目 实 训

1. 实训目的

通过课堂学习结合课下实训达到熟练掌握采光顶工程项目技术交底、施工准备、材料制备、施工操作和质量验收整个运行过程施工操作要点和国家相应的规范要求，提高学生进行采光顶工程技术管理的综合能力。

2. 实训内容

进行采光顶工程的装饰施工实训（指导教师选择一个真实的施工现场或学校实训工厂，带学生实地操作实训），熟悉采光顶工程施工的基本知识，从技术交底、施工准备、材料制备、施工操作和质量验收全程模拟训练，熟悉采光顶工程施工操作要点和国家相应的规范要求。

174

3. 实训要点

1）通过对采光顶工程施工项目的运行与实训，加深对采光顶工程国家标准的理解，掌握采光顶工程施工过程和工艺要点，进一步加强对专业知识的理解。

2）分组制定计划并实施，培养学生团队协作的能力，获取采光顶工程施工管理经验。

4. 实训过程

1）实训准备要求

① 做好实训前相关资料查阅工作，熟悉采光顶工程施工有关的规范要求。

② 准备实训所需的工具与材料。

2）实训要点

① 实训前做好技术交底。

② 制定实训计划。

③ 分小组进行实训，小组内部应有分工合作。

3）实训操作步骤

① 按照施工图要求，确定采光顶工程施工要点，并进行相应技术交底。

② 利用采光顶工程加工设备统一进行采光顶工程施工。

③ 在实训场地进行采光顶工程实操训练。

④ 做好实训记录和相关技术资料的整理。

⑤ 进行小组互评和最终评定。

4）教师指导点评和疑难解答。

5）实地观摩。

6）进行总结。

5. 项目实训基本步骤

步骤	教师行为	学生行为
1	交代工作任务背景，引出实训项目	（1）分好小组
2	布置采光顶工程实训应做的准备工作	（2）准备实训工具、材料和场地
3	明确采光顶工程施工实训的步骤	
4	学生分组进行实训操作，教师巡回指导	完成采光顶工程实训全过程
5	指导点评实训成果	自我评价或小组评价
6	实训总结	小组总结并进行经验分享

6. 项目评估

项目：		指导老师：	
项目技能	技能达标分项	备　注	
实训报告	1. 交底完善，得 0.5 分 2. 准备工作完善，得 0.5 分 3. 操作过程准确，得 1.5 分 4. 工程质量合格，得 1.5 分 5. 分工合作合理，得 1 分	根据职业岗位、技能需求，学生可以补充完善达标项	
自我评价	对照达标分项，得 3 分为达标； 对照达标分项，得 4 分为良好； 对照达标分项，得 5 分为优秀	客观评价	
评议	各小组间互相评价，取长补短，共同进步	提供优秀作品观摩学习	

自我评价

小组评价　达标率_____

　　　　　良好率_____

　　　　　优秀率_____

个人签名

组长签名_____

年　　　月　　　日

175

项目 8 ▶▶▶▶▶

新型幕墙简介

学 习 目 标

通过本项目的学习，要求学生了解新型幕墙的种类、技术优势和特点；了解双层幕墙、光电幕墙、木幕墙、水幕墙和液晶幕墙等新型幕墙的应用；对幕墙行业的技术前沿信息有初步的认知和了解。

随着我国经济的高速发展，建筑业的发展也突飞猛进，建筑幕墙作为建筑的外围护结构和外装饰做法，新产品、新技术层出不穷，由原来单一的框架式明（隐）框玻璃幕墙发展至目前具有多样化（玻璃幕墙、金属板幕墙、石材幕墙、人造板幕墙、木幕墙、水幕墙等）、个性化（大型大跨度点驳接幕墙、单层索网幕墙）、立体化（通风式双层幕墙）、智能化（超窄边多屏拼接液晶幕墙）的特点。本项目主要介绍双层幕墙、光电幕墙、木幕墙、水幕墙、液晶幕墙等。

8.1 双层幕墙简介

20 世纪 70 年代以来，玻璃幕墙随着现代建筑的发展以前所未有的速度在全世界得到普及。随着玻璃幕墙的广泛应用，其弊端也逐渐显现出来，如：由于玻璃材料的传热系数比传统的砖石等材料要大很多，并且夏季太阳辐射可以直接射入室内形成温室效应，所以普通玻璃幕墙的供热、制冷能耗相应地大大增加，而且很难达到人体舒适性的要求。玻璃幕墙建筑由于其高能耗也被人们所诟病。另外，玻璃幕墙也会在城市环境中带来光污染、吸热作用产生热岛效应等不良问题。

随着世界范围内环境、能源问题的凸现，人们对玻璃幕墙的种种弊端逐渐重视起来。也促使人们开发和采用新型建筑材料、品种，采用新型的结构构造体系、正确的施工方法来解决这些出现的问题。近几十年来，玻璃幕墙得到了进一步的发展，逐渐向智能化、生态化的方向发展，其中一个重要的发展成果是双层幕墙结构（Double Skin Facade—DSF）。

8.1.1 双层幕墙的概念

根据《建筑幕墙》（GB/T 21086—2007）的定义，双层幕墙是由外层幕墙、热通道和内层幕墙（或门、窗）构成，且在热通道内可以形成空气有序流动的建筑幕墙。双层幕墙是双层结构的新型幕墙，外层结构一般采用点式玻璃幕墙、隐框玻璃幕墙或明框玻璃幕墙，内层结构一般采用隐框玻璃幕墙、明框玻璃幕墙、铝合金门或铝合金窗。内外结构之间分离出一个介于室内和室外的中间层，形成一种通道，空气可以从下部进风口进入通道，也可以从上部出风口排出通道，空气在通道内流动，导致热能在通道内流动和传递，这个中间层称为热通道，此类幕墙也称为热通道幕墙。

8.1.2　双层幕墙的类型

双层幕墙由内外两层玻璃幕墙组成，与传统幕墙相比，它的最大特点是内外两层幕墙之间形成一个通风换气层，由于此换气层中空气的流通或循环的作用，使内层幕墙的温度接近室内温度，减小温差，因而它比传统的幕墙采暖时节约能源 42% ～52%；制冷时节约能源38% ～60%。另外由于双层幕墙的使用，整个幕墙的隔声效果、安全性能等也得到了很大的提高。双层幕墙根据通风层的结构不同可分为"封闭式内通风"和"敞开式外通风"两种。

1. 封闭式内通风双层幕墙

封闭式内通风双层幕墙一般在冬季较为寒冷的地区使用，其外层原则上是完全封闭的，一般由断热型材与中空玻璃组成外层玻璃幕墙，内层一般为单层玻璃组成的玻璃幕墙或可开启窗，以便对外层幕墙进行清洗。两层幕墙之间的通风换气层一般为 100 ～200mm。通风换气层与吊顶部位设置的暖通系统抽风管相连，形成自下而上的强制性空气循环，室内空气通过内层玻璃下部的通风口进入换气层，使内侧幕墙玻璃温度达到或接近室内温度，从而形成优越的温度条件，达到节能效果。在通道内设置可调控的百叶窗或窗帘，可有效地调节日照遮阳，为室内创造更加舒适的环境。根据英国劳氏船社总部大厦及美国西方化学中心大厦的使用来看，其节能效果较传统单层幕墙相比达 50% 以上。

2. 敞开式外通风双层幕墙

敞开式外通风双层幕墙与封闭式内通风双层幕墙相反，其外层是单层玻璃与非断热型材组成的玻璃幕墙，内层是由中空玻璃与断热型材组成的幕墙。内外两层幕墙形成的通风换气层的两端装有进风和排风装置，通道内也可设置百叶等遮阳装置。冬季时，关闭通风层两端的进排风口，换气层中的空气在阳光的照射下温度升高，形成一个温室，有效地提高了内层玻璃的温度，减少建筑物的采暖费用。夏季时，打开换气层的进排风口，在阳光的照射下换气层空气温度升高自然上浮，形成自下而上的空气流，由于烟囱效应带走通道内的热量，可降低内层玻璃表面的温度，减少制冷费用。另外，通过对进排风口的控制以及对内层幕墙结构的设计，可达到由通风层向室内输送新鲜空气的目的，从而优化建筑通风质量。

敞开式外通风双层幕墙不仅具有封闭式内通风双层幕墙在遮阳、隔声等方面的优点，在舒适、节能方面更为突出，提供了高层、超高层建筑自然通风的可能，从而最大限度地满足了使用者生理与心理上的需求。

敞开式外通风双层幕墙，在德国法兰克福的德国商业银行总行大厦、德国北莱因——威斯特法伦州鲁尔河畔埃森市的"RWE"工业集团总部大楼中被采用。

内通风与外通风双层幕墙作用原理如图 8-1 所示。

177

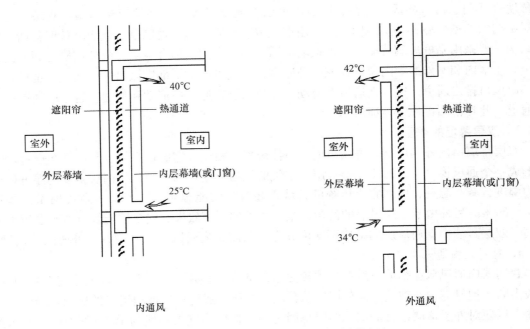

图 8-1　内通风与外通风双层幕墙作用原理

8.1.3　双层玻璃幕墙的特点

1. 高效节能

与基准幕墙和普通节能幕墙相比，双层幕墙是节能效果最理想的高效节能幕墙，实践证明北京地区双层幕墙节能效果见表 8-1。

表 8-1　双层幕墙节能效果对比

序号	幕墙类型	传热系数 K /[W/(m² · K)]	遮阳系数 SC	围护结构平均热流量/(W/m²)	围护结构节能百分比（%）	备注
1	基准幕墙	6	0.7	336.46	0	非隔热型材 非镀膜单玻
2	普通节能幕墙	2.0	0.35	166.99	50.4	隔热型材 镀膜中空玻璃
3	双层幕墙	<1.0	0.2	101.16	69.9	

注：计算以北京地区夏季为例，建筑体形系数取 0.3，窗墙面积比取 0.7，外墙（包括非透明幕墙）传热系数取 0.6W/(m² · K)，室外温度取 34℃，室内温度取 26℃，夏季垂直面太阳辐射照度取 690W/m²，室外风速取 1.9m/s，内表面换热系数取 8.3W/m²。

2. 环境舒适

与单层幕墙和普通节能幕墙相比，双层幕墙能创造良好的热环境和通风环境，可提供舒适的办公环境，如图 8-2 所示。

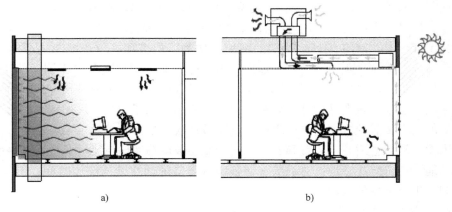

a)　　　　　　　　　　　　　　　　b)

图 8-2　幕墙办公环境

a）单层幕墙办公环境　b）智能型呼吸式幕墙办公环境

3. 采光合理

进入室内的光线角度和强弱，直接影响人的舒适感。双层玻璃幕墙可以利用遮阳百叶的收起或放下，满足人们对光线的需求，进而大大改善室内光环境。

4. 隔声降噪

双层幕墙特制的内外双层构造、缓冲区和内层全密封方式，使其隔声性能比传统幕墙高一倍以上，有利于营造舒适、宁静的生活环境。

5. 安全性能

双层幕墙下雨时可通风且雨水不会进入室内，通风时风速柔和，东西不会被风卷走，可保持物品安全。双层幕墙物品不易坠落，而且两道玻璃幕墙防护有利于防盗。

6. 双层玻璃幕墙的缺点

目前，有些双层幕墙由于设计不当会造成炎热夏季室内过热，缺乏对有害气体的净化能力等尚需完善的环节；同时，双层幕墙也具有立面造价提高 1.5～2 倍，立面清洁维护费用高等缺点。

8.1.4　双层幕墙的工作原理

1. 冬季保温工作原理

进入冬季，关闭双层幕墙的出气口，使缓冲区形成温室。白天太阳照射使温室内空气蓄热，温度升高，使内层幕墙的外片玻璃温度升高，从而降低内层幕墙内外的温差，可有效阻止室内热量向外扩散。夜间室外温度降低，由缓冲区内蓄热空气向外层幕墙补偿热量，而室内热量可得到相应保持。因而无论白天和夜间，均可实现保温功能。

2. 夏季隔热工作原理

进入夏季，打开出气口，利用空气流动热压原理和烟囱效应，使双层玻璃幕墙由进气口吸入空气进入缓冲区，在缓冲区内气体受热，产生由下向上的热运动，由出气口把双层玻璃幕墙内的热气体排到外面，从而降低内层幕墙温度，起到隔热的作用。

8.1.5　双层幕墙节能技术

1. 双层幕墙的热适应性

双层玻璃幕墙在四个朝向均有较好的热工性能（双层间遮阳的双层幕墙相对于采取内

179

遮阳的单层幕墙），尤其是西向，但前提条件是保证双层玻璃幕墙的空腔间层有较好的通风状况。经测试，南向实验室内温差有 $6 \sim 7$℃，北向实验室内温差也有 $4 \sim 5$℃，而西向实验室竟达 17℃。传统的单层玻璃幕墙的围护结构为一层玻璃，由于玻璃的通透性，夏季阳光直射到室内，直接产生温室效应，造成室内过热。而双层玻璃幕墙不同于传统的单层幕墙，它由内外两道幕墙组成。双层空腔间层若是处于空气流动的可控状态，室内外热量在此空间内流动、交换，可实现室外气候和室内小环境的过滤器和缓冲层作用。在高温的夏季，持续烘烤的西向比其他方向更能体现这种过滤缓冲效应带来的差异。

因而，具有合适遮阳装置和通风模式的双层玻璃幕墙比传统的单层玻璃幕墙具有更佳的热工性能。在夏热冬冷地区，双层玻璃幕墙可直接降低空调的使用时间，不仅节约了能源，也有利于生态环境的改善。

2. 双层幕墙的遮阳性能

遮阳状况的有无和好坏是影响双层幕墙室内热环境的关键因素。而其中遮阳的位置是双层幕墙的设计重点之一，不同的遮阳位置将对其功效产生不同影响。在有通风的前提条件下，双层间遮阳的效果要比其他遮阳方式的效果好，不仅降低了室内空气温度，而且减少了遮阳构件所占用的建筑室内使用面积，实现了在节能的前提下保持建筑物表面光洁的设计初衷。值得注意的是，在没有通风的情况下，层间遮阳的双层幕墙的综合相对 U 值要高于外遮阳的单层幕墙，即前者不能保证较好的通风时，其空腔间层的烟囱效应无法发挥作用，隔热效能反而不行。

因而，对双层幕墙而言，除了正确设计以外，正确使用也是十分重要的。采用双层间遮阳并配合恰当的通风方式是双层幕墙在夏季时的必要条件。

3. 双层幕墙的通风性能

通风状况的好坏是影响双层幕墙空腔间层和室内热环境的基本因素。通过实验，由于通风的原因，具有通风效果的双层幕墙由于空腔内二次辐射热较快地从出风口导出，使温度降低。如果关闭风口，无法带走热量，则温度较高。实验表明，通风双层幕墙空腔内温度明显比封闭双层幕墙空腔内温度低 6℃左右，由此影响到内层玻璃外表面和内表面温度，使两个不同双层幕墙内层玻璃外表面温度差大约 $4 \sim 5$℃。通风双层幕墙房内表面的温度也始终较低，只是绝对数值差没有外表面的大，这又直接影响到室内温度。显然，有通风的双层幕墙比无通风的双层幕墙在夏季具有更佳的防热能力。

在夏季强烈的阳光辐射下，双层幕墙空腔换气层往往温度较高，若是进出风口的自然通风无法实现，反而急剧增加了制冷的负荷，这对于夏季炎热地区是致命的缺点，所以在夏季保证双层幕墙空腔间层良好的通风条件，是发挥双层幕墙优越性的关键。

4. 双层幕墙的节能效果

双层幕墙在夏季具有良好的节能效应。在有通风条件下，双层间有遮阳的双层幕墙和内遮阳的单层幕墙的能耗比较实验中，双层幕墙室内温度在空调设定的工作温度 27℃上下波动，空调正常间歇时间为 $30 \sim 45$min。然而，单层幕墙室内温度从 9:30 ~ 17:00 一直在空调工作温度以上，并于 13:30 出现峰值 32℃，空调持续工作。单层幕墙其他时段内空调的间歇时间也比双层幕墙要短一些。24h 能耗比较，无论双层幕墙空腔间层有无通风，双层幕墙比单层幕墙都要节能约 14%，即便在单层幕墙采取外遮阳的情况下，双层玻璃幕墙也要节能约 5.9%。

　　能耗对比试验所采用的单层玻璃幕墙是把其中一个双层玻璃幕墙实验房外层的玻璃拿掉后形成的，其内层由一半复合铝板和一半 8mm 厚白玻组合。而真正意义上的传统单层玻璃幕墙是整片大玻璃覆盖立面，比实验中使用的单层玻璃幕墙多出一半直接接受热辐射的面积，室内外换热量多出一倍，因此能耗也要增加将近一半。因此，实际上双层幕墙比单层幕墙要节能约 57%。

8.2　光电幕墙简介

　　人类对太阳能的利用很早就开始了，最早可追溯到二十世纪二三十年代，在六七十年代，太阳能光伏电池已经在实际使用中获得了不错的使用效果，但由于当时的光伏组件转换率不高，同时价格昂贵，所以没有得到大面积的推广。人类真正大规模应用太阳能进行光伏发电，还是在本世纪初，在以德国为首的欧美国家大力倡导和扶持下，太阳能热潮席卷了全球，促成了太阳能光伏产业的快速发展。光电幕墙可就地发电、就地使用，减少了电力输送过程的费用和能耗，省去了输电费用；自发自用，有削峰的作用，带储能可以用作备用电源；分散发电，避免传输和分电损失（5%～10%），降低输电和分电投资和维修成本；使建筑物的外观更加美观。

8.2.1　光电幕墙的概念

　　光电幕墙（屋顶）是将传统幕墙（屋顶）与光电效应相结合的一种新型建筑幕墙（屋顶），其是利用太阳能来发电的一种新型的绿色能源技术。

8.2.2　光电电池基本原理

　　光电幕墙（屋顶）的基本单元为光电板，而光电板是由若干个光电电池（又称太阳能电池）进行串、并联组合而成的电池阵列，把光电板安装在建筑幕墙（屋顶）相应的结构上就组成了光电幕墙（屋顶）。

　　1. 光电现象

　　1983 年，法国物理学家 A. E 贝克威尔观察到光照在浸入电解液的锌电板产生了电流，将锌板换成带铜的氧化物半导体，其效果更为明显。1954 年，美国科学家发现从石英提取出来的硅板，在光的照射下能产生电流，并且硅越纯，作用越强，并利用此原理做了光电板，称为硅晶光电电池。

　　2. 硅晶光电电池分类

　　硅晶光电电池可分为单晶硅电池、多晶硅电池和非晶硅电池。

　　1）单晶硅光电电池，表面规则稳定，通常呈黑色，效率约为 14%～17%。

　　2）多晶硅光电电池，结构清晰，通常呈蓝色，效率约为 12%～14%。

　　3）非晶硅光电电池，透明、不透明或半透明，透过 12% 的光时，颜色为灰色，效率为 5%～7%。

　　3. 光电板基本结构

　　光电板上层一般为 4mm 厚白色玻璃，中层为光伏电池组成的光伏电池阵列，下层为 4mm 厚的玻璃，其颜色可任意。上下两层和中层之间一般用铸膜树脂（EVA）热固而成，光电电池阵列被夹在高度透明、经加固处理的玻璃中，背面是接线盒和导线。模板尺寸为 500mm×500mm～2100mm×3500mm。从接线盒中穿出导线一般有两种构造：一种是从接线盒穿出的导线在施工现场直接与电源插头相连，这种结构比较适合于表面不通透的建筑物，因为仅外片玻璃是透明的；另一种构造是导线从装置的边缘穿出，这样导线就隐藏在框架之间，这种结构比较适合于透明的外立面，从室内可以看到此装置。

4. 光电幕墙的基本结构

光电板安装在建筑幕墙（屋顶）的结构上则组成光电幕墙，一般情况下，建筑幕墙的立柱和横梁都是采用断热铝型材，除了要满足《玻璃幕墙工程技术规范》（JGJ 102—2003）和《建筑幕墙》（GB/T 21086—2007）标准要求之外，刚度一般应高一些，同时光电板要能够便于更换。

8.2.3 光电幕墙设计

1. 光电幕墙（屋顶）产生电能的计算公式

$$PS = H \times A \times \eta \times K$$

式中　PS——光电幕墙（屋顶）每年生产的电能（MJ/a）；

　　　H——光电幕墙（屋顶）所在地区，每平方米太阳能一年的总辐射 $[MJ/(m^2 \cdot a)]$，可参照表 8-2 查取；

　　　A——光电幕墙（屋顶）光电面积（m^2）；

　　　η——光电电池效率，单晶硅 $\eta = 12\%$，多晶硅 $\eta = 10\%$，非晶硅 $\eta = 8\%$；

　　　K——修正系数，见下式。

$$K = K_1 \cdot K_2 \cdot K_3 \cdot K_4 \cdot K_5 \cdot K_6$$

式中　K_1——光电电池长期运行性能修正系数，$K_1 = 0.8$；

　　　K_2——灰尘引起光电板透明度变化的性能修正系数，$K_2 = 0.9$；

　　　K_3——光电电池升温导致功率下降修正系数，$K_3 = 0.9$；

　　　K_4——导电损耗修正系数，$K_4 = 0.95$；

　　　K_5——逆变器效率，$K_5 = 0.85$；

　　　K_6——光电板朝向修正系数，其数值可参考表 8-3 选取。

表 8-2　我国太阳辐射资源带　　　　　　　　　　　　　　　　　　$[单位：MJ/(m^2 \cdot a)]$

资源带号	名称	指标
I	资源丰富带	≥6700
II	资源较富带	5400 ~ 6700
III	资源一般带	4200 ~ 5400
IV	资源贫乏带	<4200

表 8-3　光电板朝向与倾角的修正系数 K_6　　　　　　　　　　　　　　　　（%）

幕墙方向	光电阵列与地平面的倾角			
	0°	30°	60°	90°
东	93	90	78	55
南－东	93	96	88	66
南	93	100	91	68
南－西	93	96	88	66
西	93	90	78	55

2. 光电幕墙设计需注意的问题

光电幕墙设计需注意以下问题：光电幕墙设计必须考虑美观、耐用；光电幕墙设计必须具备基本的建筑功能；光电幕墙设计必须满足建筑设计规范（载荷、受力等）；太阳能光伏发电系统必须安全、稳定、可靠。

当地的气象因素是太阳能系统发挥效能的最重要影响因素。由于工程所在地的气象条件不同，包括不同的基本风压、雪压；安装的位置不同，如屋面、立面、雨篷等，都会使围护系统的受力结构不同。

结晶硅玻璃可以有任意尺寸，非晶硅（薄膜电池）光伏组件的规格不能随意进行切割，在进行分格时必须充分考虑。

光电幕墙走线可在胶缝或型材腔内，也可以在明框幕墙的扣盖内，即可以走线于可隐蔽的空隙内。

光伏并网逆变系统（并网逆变器）和交、直流配电系统也是设计中要考虑的重要部分。

8.2.4　光电幕墙安装与维护

1）安装地点要选择光照比较好，周围无高大物体遮挡太阳光照的地方，当安装面积较大的光电板时，安装的地方要适当宽阔一些，避免碰损光电板。

2）通常光电板朝向赤道，在北半球其表面朝南，在南半球其表面朝北。

3）为了更好地利用太阳能，并使光电板全年接受太阳辐射量比较均匀，一般将其倾斜放置，光电电池阵列表面与地平面的夹角称为阵列倾角。当阵列倾角不同时，各个月份光电板表面接受到太阳辐射量差别很大。在选择阵列倾角时，应综合考虑太阳辐射的连续性、均匀性和冬季最大性等因素。大体来说，在我国南方地区，阵列倾角可比当地纬度增加10°~15°；在北方地区，阵列倾角可比当地纬度增加5°~10°。

4）光电幕墙（屋顶）的导线布置要合理，防止因布线不合理而漏水、受潮、漏电，进而腐蚀光电电池，缩短其寿命。为了防止夏季温度较高影响光电电池的效率，提高光电板的寿命，还应注意光电板的散热。

5）光电幕墙（屋顶）安装还应注意以下几点：

① 安装时最好用指南针确定方位，光电板前不能有高大建筑物或树木等遮蔽阳光。

② 仔细检查地脚螺钉是否结实可靠，所有螺钉、接线柱等均应拧紧，不能松动。

③ 光电幕墙和光电屋顶都应有有效的防雷、防火装置和措施，必要时还要设置驱鸟装置。

④ 安装时不要同时接触光电板的正负两极，以免短路烧坏或电击，必要时可用不透明材料覆盖后接线、安装。

⑤ 安装光电板时，要轻拿轻放，严禁碰撞、敲击，以免损坏。注意组件、二极管、蓄电池、控制器等电器极性不要接反。

6）光电幕墙（屋顶）每年至少进行两次常规性检查，时间最好在春季和秋季。在检查的时候，首先检查各组件的透明外壳及框架有无松动和损坏。可用软布、海绵和淡水对表面进行清洗除尘，最好在早、晚清洗，避免在白天较热的时候用冷水冲洗。除了定期维护之外，还要经常检查和清洗，遇到狂风、暴雨、冰雹、大雪等天气应及时采取防护措施，并在事后进行检查，检查合格后再进行使用。

183

8.2.5 光电幕墙的特点和优势

光电幕墙是一种快速发展的新型幕墙，其特点和优势如下：

1. 节约能源

由于光电幕墙作为建筑外围护体系，可直接吸收太阳能，避免了墙面温度和屋顶温度过高，可以有效降低墙面及屋面温升，减轻空调负荷，降低空调能耗。

2. 保护环境

光电幕墙通过太阳能进行发电，不需燃料，不产生废气，无余热，无废渣，无噪声污染。

3. 新型实用

可降低白天用电高峰期电力需求，解决电力紧张地区及无电、少电地区供电情况。可原地发电、原地使用，减少电流运输过程中的费用和能耗；同时避免了放置光电阵板额外占用的宝贵建筑空间，与建筑结构合一，省去了单独为光电设备提供支撑结构，也节省了昂贵的外装饰材料，减少了建筑物的整体造价。

4. 特殊效果

光电幕墙本身具有很强的装饰效果。玻璃中间采用各种光伏组件，色彩多样，使建筑具有丰富的艺术表现力。同时，光电模板背面还可以衬以设计的颜色，以适应不同的建筑风格。

8.3 其他新型幕墙简介

8.3.1 木幕墙

建筑装饰材料的快速发展、设计理念的不断变化已成为建筑装饰行业的一个新的发展趋势。采用新型木质幕墙材料作为装饰，成为建筑物装饰多样性的一种体现。木质幕墙的施工方便简捷，节省劳动力，大大降低了劳动强度，施工效率明显提高。通过对板材的预排有效地控制了成本，减少了材料的浪费，且施工过程中无污染，有较好的环境效益，适用于室内、外幕墙工程。首都博物馆新馆工程就采用了木质幕墙，取得了良好的效果。

1. 工艺原理

采用严密的工序控制木质板材的色差，通过严谨的综合测量为面层平整度提供控制线，同时将整体木质幕墙划分成单元式结构，用新型安装方法进行安装，减少了安装的难度，更易对整体平整度进行控制。

2. 工艺特点

1）施工便捷、可操作性强，单元板的制作简单易行且安装灵活，同时可降低劳动强度。

2）施工速度快、工效高，总工期短、费用低、经济性高。

3）施工质量容易得到保证，能够满足设计及甲方要求。

4）施工噪声低，各种材料均无污染，有利于环保。

3. 施工要点

（1）色差控制

1）给厂家做进货前的交底，保证每批板材所使用的原木料必须选择同一地区、同一产地、同一生长时间的原材料。

2）在厂家加工生产前，为厂家提供木质幕墙每个立面详细的板材位置分布图，在图纸中对板材按照从左至右、从下至上的顺序进行详细的排列编号，并在每块板的位置标清其具体的行、列编号。带领厂家技术人员根据图纸对现场进行实际确认交底。厂家在出厂前对板材进行预排，并按预排顺序的情况对应板材位置分布图上的编排方法将每块板的编号写在板材背面。

3）板材运至现场后，按照厂家写在板材背面的编号与板材位置分布图一一对应，对板材进行单元板的拼装，每块单元板拼装完成后，再按先后挂装顺序摆放在施工现场进行安装，最后根据实际情况对个别板材进行局部位置的调整。

（2）墙面基层处理　墙面基层应根据设计单位的要求进行隔断墙封闭，且应进行防火、保温、防水处理。

1）防火处理。木质幕墙与各层楼板、隔墙外沿间的缝隙，当采用岩棉或矿棉封堵时，其厚度不应小于100mm，并应填充密实；楼层间水平防烟带的岩棉或矿棉宜采用厚度不小于1.5mm的镀锌钢板承托；承托板与主体结构、幕墙结构及承托板之间的缝隙宜填充防火密封材料。具体防火处理方法应符合设计的耐火极限要求。

2）保温处理。外墙应突出强调采用外保温构造，如必须采用内保温构造时，应充分考虑热桥的影响，并应按照《民用建筑热工设计规范》（GB 50176—1993）的规定进行内部冷凝受潮验算和采取可靠的防潮措施。

目前，外墙保温材料主要有聚苯板玻纤网格布聚合物砂浆外墙外保温、胶粉聚苯颗粒保温浆料外墙外保温、EPS板现浇混凝土外墙外保温、硬泡聚氨酯现场喷涂外墙外保温等几种做法。

3）防水处理。外墙防水处理方法一般采用涂刷防水涂料的做法。对墙面外表进行基层处理，刮平所有墙面小孔，以便刷防水涂料。防水涂料自上而下刷三遍，厚度为1.5mm。待防水涂料干燥后方可安装龙骨固定件。为了保证室外龙骨安装后不破坏原防水结构，固定件安装完成后再补刷防水涂料，并在龙骨上卷100mm做为修补。

（3）综合放线　由于木质幕墙整体面积大、门窗洞口较多、现场情况复杂，需要通过放线来严格控制幕墙安装的平整度。在施工放线中遵守先整体、后局部的工作程序。定位放线工作执行自检、互检合格后，由有关主管部门复验线。测量计算根据正确的科学方法，计算有序、步步校核。施工放线流程：审核原始数据→放垂直线→垂直弹线→放水平线→水平弹线→门窗洞口定位放线→复验线。

（4）连接设计　主体结构或结构构件应能够承受幕墙传递的荷载。连接件与主体结构的锚固承载力设计值应大于连接件本身的承载力设计值。

1）预埋件。木质幕墙立柱与主体混凝土结构应通过预埋件连接，预埋件应在主体结构混凝土施工时埋入，预埋件的位置应准确。当没有条件采用预埋件连接时，应采用其他可靠的连接措施，并通过现场试验确定其承载力。

2）锚栓连接。木质幕墙架构与主体结构采用后置锚栓连接时，应符合下列规定：

① 锚栓应有出厂合格证。

② 碳素钢锚栓应经过防腐处理。

③ 应进行承载力现场拉拔试验，必要时应进行极限拉拔试验。

185

④ 每个连接点不应少于 2 个锚栓。

⑤ 锚栓直径应通过承载力计算确定，且不应小于 10mm。

⑥ 不宜在化学锚栓接触的连接件上进行焊接操作。

⑦ 锚栓承载力设计值不应大于其极限承载力的 50%。

⑧ 幕墙与砌体结构连接时，宜在连接部位的主体结构上增设钢筋混凝土或钢结构梁、柱。轻质填充墙不应作为幕墙的支承结构。

（5）立柱与横梁龙骨的安装　立柱与横梁龙骨可采用铝合金型材。铝合金型材采用阳极氧化、电泳涂漆、粉末喷涂、氟碳喷涂进行表面处理时，应符合现行国家标准《铝合金建筑型材》规定的质量要求。

钢型材宜采用高耐候钢，碳素钢型材应热浸锌或采取其他有效防腐措施，焊缝应涂防锈涂料；处于严重腐蚀条件下的钢型材，应预留腐蚀厚度。

为更好地解决温度应变的问题，在立柱设计时，上下立柱之间留有 15mm 的缝隙，并用芯柱连结。芯柱总长度 400mm，与下柱之间采用不锈钢螺栓固定。

多层或高层建筑中跨层通长布置立柱时，立柱与主体结构的连接支承点每层不宜少于一个；在混凝土实体墙面上，连接支承点宜加密。

（6）单元板拼装

1）木质饰面板与单元骨架之间的连接。木质板材背后采用 M8 不锈钢螺栓带硅酮结构胶与单元龙骨之间栓接的形式。单元龙骨周圈螺栓孔间距均不得大于 500mm，锚入木质板材的深度为 25mm，以防止板材的材质特殊性和伸缩变形性影响木质幕墙的长期使用。

2）当面板宽度为 1m 时直接作为单元板，宽度为 192mm 的板材，用 5 块连成 1m 宽的单元板。为保证小板块之中的板缝均匀平整以及单元板的几何尺寸，应提前做好模具。

3）用 8mm×8mm×40mm 的木条钉在木工板上，以便控制 8mm 缝的宽度，四周用木条按几何尺寸封边，以保证单元板的几何尺寸。模具完成后先把小块板放入模具中，再把钢架放好，并调整至设计尺寸位置，用铅笔画好孔洞的位置，再移开钢架用手电钻打孔，用气泵管吹净灰尘，打结构胶于孔内，用手电钻把 φ8×30mm 自攻钉紧固于孔内。

4）板采用 M8 不锈钢螺栓固定到 50mm×50mm×5mm 角钢骨架上，并在螺栓孔内打结构胶。

（7）单元板挂装后整体平整度控制　先用 3cm 板按标准板材实际的规格尺寸制作榆木饰面板的模型，再按图纸设计和挂装方法制作与单元板拼装成型后尺寸相符的模框样板，以后每组板材就在这个模框样板中进行拼装，以保证每块榆木饰面板与单元骨架之间连接孔处定位的准确性。

在拼装单元板的同时，用现场制作的 90°靠尺板检查每块拼装板的边角垂直度并用钢直尺检查拼装板的对角线长度，以便准确地调整单元板的尺寸。

每块单元板挂装完成后，用 2m 靠尺检查，平整度达不到检验要求的，在单元板与挂接螺栓之间加不锈钢垫片进行调节，经检验合格后点焊固定。

8.3.2　水幕墙

在环境景观设计中，对水资源的利用及水景的营造一直具有重要的地位。水幕墙是环境艺术的重要组成部分，其集水动力学原理、声学、光学、建筑学、景观学于一体，装饰性极强。

　　水幕墙适用于室内、室外，它是按照空气自然分解水分子的原理，巧妙设计的写字楼、酒店、售楼处、大堂的"瀑布"。

　　按照物理力学原理减缓水流速度，达到了克服流水的噪声的效果，给人以享受瀑布飞流直下、水雾蒙蒙的感觉。按照流水张力的原理使水流横向拉伸，流水达到更加完美的效果；巧妙的灯饰流光溢彩，更使其成为可供欣赏的精美艺术品，给人以怡人的滨海气息。

　　1. 水景、水幕施工工艺分析

　　水景、水幕工程可将施工做法大致分成三项：玻璃干挂和石材铺贴的装饰装修工程、循环水系的给水排水工程和为水系循环输出动力的电气安装工程。

　　瀑布作为一种奇异的自然景观令人心驰神往，看碧潭之上，流水飞流而下激起千层浪，设计师就是把这种不可能日日观赏的自然景观移植到室内以供更多人去欣赏。

　　公共建筑中对噪声的要求是很高的，所以水幕流水方式不可以是瀑布式直流而下的，而是要将玻璃幕改成与地面成一定倾角使水流可顺流而下，但若玻璃幕为平板，水流则无变化会使得景观显得平淡无奇，所以玻璃和石材需做成叠级或粘贴抑水条，也可以直接使用开槽玻璃或开槽石材使水流从水堰口溢出后，沿着底衬逐级向下流淌，每级的高度小于跌水，紧密叠加，水流在交界处形成浪花从而在水顺流而下时有一种跳跃的动感，同时消耗了水的势能使之在落至水槽时不会激起较大的浪花。考虑使用开槽玻璃、石材的成本非常昂贵，所以水幕墙施工时可选择叠级玻璃。

　　玻璃安装采用穿透式可调螺栓连接方式，在玻璃穿孔处易发生应力集中现象，一旦在连接处发生应力集中或由于其他因素致使玻璃破碎下落则极易发生重大事故，所以在水幕玻璃选材上需要采用钢化夹层玻璃。

　　2. 水幕墙施工工艺流程及操作要点

　　工艺流程：测量放线→钢骨架焊接→水幕玻璃加工→水电安装→隐蔽验收→玻璃安装→水系统调试→验收。

　　1）现场勘查、放线。结合工程现场进行施工放样，与土建设计施工图进行核对，对已建主体结构进行复测，并按实测结果对幕墙设计进行必要的调整，并填报备料计划进行加工制作。支承钢结构构件长度、拼装单元长度的允许正负偏差均可取长度的1/2000，分单元组装的钢结构宜进行预拼装。玻璃的边长和对角线差、厚度、叠差等加工精度应符合《玻璃幕墙工程技术规范》（JGJ 102—2003）的要求，材料进场须按相关标准做好验收，合格后才能接收。

　　2）在玻璃幕墙安装前，对建筑物主体结构进行测量，按施工图纸采用水准仪、经纬仪、钢尺等进行测量放线，并按施工控制线对预埋件进行校准，对位置超差和遗漏的埋件按设计要求处理。后置埋件选用化学锚栓固定，应避免损伤结构受力筋，埋件标高偏差≤10mm，位置偏差≤20mm，同时做拉拔试验并做好施工记录。

　　3）钢支承安装。先将钢支承进行就位并临时固定，检查、调整，保证其垂直及间距合格后固定，固定应符合设计要求，采用焊接连接。对距结构层较远的钢支承，则采用由结构层外伸横梁固定，横梁与钢支承采用焊接连接。钢支承安装调整合格并固定后，按照设计要求的标高、位置尺寸进行驳接座的焊接固定。

　　4）玻璃面板安装。安装前，对玻璃及吸盘上的灰尘进行清洁，根据玻璃质量确定吸盘数量。将装好驳接头的玻璃人工（机械）用吸盘抬起，把驳接头固定杆穿入驳接爪的安装孔内，拧上固定螺栓。玻璃粗装完成后，调整其位置，使玻璃水平偏差符合要求，对整体立面垂直平整度进行检查，合格后方可紧固螺栓，安装应牢固并配合严密。

5）板缝耐候胶处理。打胶时，边注胶边用工具勾缝，应持续、均匀，一般先横后竖、自上而下，胶注满后，应检查里面是否有气泡、空心、断缝、夹杂，若有则应及时处理，使用工具将胶表面压平、压实、压光滑，使胶面成型、平整、严密、均匀、无流淌。

6）幕墙水循环系统测试。

8.3.3　LED 液晶幕墙

我国大屏幕拼接市场已有十余年的发展历史，最早步入市场的是背投影拼接。背投影拼接以其大尺寸和完美的无缝拼接技术而迅速占据了市场的主导地位，背投影技术也从传统CRT 逐步过渡到了 DLP/LCOS 技术；随着 2005 年 Orion 的 MPDP 技术的问世，平板显示拼接终于有了一席之地，但是受限于整体 PDP 产业的凋零及其相对较高的成本，终究只是昙花一现；而 LCD 显示技术虽然在零售领域早已占据主导地位，由于其拼接缝大于 10mm，在拼接大屏市场的竞争力一直处于相对弱势，伴随着 2009 年第三代 6.7mm 超窄边 DID TFT LCD 产品的上市，对以 DLP 为代表的投影拼接大屏所占据的市场造成了巨大的冲击，同时也对 DLP 形成了强有力的挑战。

大屏幕拼接产品从最开始较为狭窄的专业级、高端的应用（如电力、电信领域等）已经扩展到今天覆盖公共管理、民生、能源、工业、商业、娱乐等几十个细分应用领域。超窄边多屏拼接幕墙适应了现代幕墙需求大势所趋的前沿化倾向，是打造建筑现代化功能和新形象的理想选材，近年来在国内外得以迅速发展。

1. 超窄边多屏拼接幕墙概述

超窄边多屏拼接幕墙是最新研制的一款新技术产品，幕墙以 46″超窄边 LCD 屏为基本显示单元，以 FPGA（Field Programmable Gate Array，即可编程逻辑阵列）为硬件基础，采用并行高速图形处理技术，实现多路高速视频信号的统一处理。

自 2005 年推出液晶拼接幕墙以来，到目前为止，已经更新了几代产品。最新的液晶拼接幕墙除了采用超窄边液晶显示单元外，还融入了多项最新专利技术，形成了高清晰度、网络化、数字化、智能化、集成化、全硬件嵌入式超窄边液晶拼接幕墙。

超窄边多屏拼接幕墙可以接受多种视频信号。通过高速图像处理软件，所有输入信号可以以一个屏为单位，任意拉伸、缩放、跨屏漫游。

超窄边多屏拼接幕墙系统结构是先进的、开放的体系结构，整个系统体现了当今多媒体技术的发展水平，具有前瞻性和完整性。

2. 幕墙的基本组成

（1）机柜　根据幕墙显示尺寸及外观尺寸进行设计。幕墙整体大小按照惯例由幕墙单元的个数（宽 m×高 n）和单元的尺寸来计算。例如 3×3　46″幕墙共有宽 3 个单元、高 3 个单元，共 9 个 46″液晶单元组成，46″电视幕墙单元的尺寸为 1025.7mm×579.8mm，即宽度为 1025.7mm、高度为 579.8mm，幕墙的显示尺寸为宽 3×1026mm＝3078mm，高 3×580mm＝1740mm。具体使用时可根据安装环境选择立式或挂壁式安装，选择不同的安装方式时再加上边柜及立式底座的尺寸，便可得到幕墙的外观尺寸。

（2）拼接单元　包含拼接模块及 DID 液晶屏、配套电源。

1）拼接模块：每片拼接模块都以 FPGA 阵列为硬件基础，采用并行高速图形处理技术，实现了多路高速视频信号的统一处理，从根本上取代了插卡式拼接控制器，解决了 VGA 信号输入数量受到限制的问题。

2）DID 液晶屏：拼接幕墙使用 DID 液晶屏，经过技术处理，使其符合拼接幕墙的设计要求。专业处理后的液晶屏外框为全黑色，与幕墙形成一个整体，美观大方。可通过对液晶屏进行结构技术处理，改变传统的液晶屏安装形式，使液晶单元装拆变得更加方便。

3）电源：拼接幕墙每一单元都有独立的开关电源模块，整机输入使用带保护接地的单相三线制交流电源，并确保整个工程系统使用同一保护接地。不能使用无保护接地的电源，电源线的接地脚不能破坏。

（3）矩阵切换器　矩阵切换器是对 Video 或 VGA 信号进行切换和分配的切换设备，它可同时将多路 Video 和 VGA 输入信号分别切换到任何一个或多个输出通道。该设备具有断电现场保护功能，能保存设备关机前的工作状态，具备与计算机联机使用的 RS – 232 通信接口，并提供通信协议和演示程序，方便联机使用。

（4）控制主机　幕墙系统控制提供一个软件包，可安装于任何品牌的 PC 机，在 Windows 环境下运行软件并通过 RS – 232 串行通信，用于对幕墙的信号和各种功能的控制。

（5）各类线材　各类线材根据安装数量及高度等数据配制，用以连接各种配件。

3. 超窄边拼接幕墙主要性能指标

液晶显示器必须先利用背光源，也就是荧光灯投射出光源，这些光源先经过一个偏光板然后再经过液晶，这时液晶分子的排列方式改变穿透液晶的光线角度，然后这些光线还必须经过前方的彩色滤光膜与另一块偏光板。因此只要改变刺激液晶的电压值就可以控制最后出现的光线强度与色彩，进而能在液晶面板上变化出不同深浅的颜色组合。

1）超窄边液晶拼接单元技术指标见表 8-4。

表 8-4　超窄边液晶拼接单元技术指标

屏幕高宽比	16:9	亮度	$700cd/m^2$
分辨率	1366×768	对比度	3000:1
单屏清晰度	1080P	色彩	16.7M
宽×高	$1025.7mm \times 579.8mm$	可视角	$178°/178°$
质量	28kG	响应时间	8ms

2）拼接幕墙主要技术指标见表 8-5。

表 8-5　拼接幕墙主要技术指标

LCD 屏数量	任意行（M）×任意列（N）
两屏之间间隔	6.7mm（46″）
面板安装方式	无键挂入式安装方式（壁挂、嵌入式和机柜 3 种安装方式可选）
电源输入	90 ~ 260V AC（50/60Hz）
功率消耗	$260W \times M \times N$（46″）
工作环境温度	0 ~ 40℃
机柜材料	全钢机架、个性化设计
机柜尺寸	机柜深度 120mm（46″）

189

LCD 屏数量	任意行（M）×任意列（N）
分辨率	支持 1920×1200 或向下兼容
清晰度	1080P
亮度均匀性	95%
输入接口	复合视频、VGA、Svideo（可选）、YcbCr/YpbPr（可选）、DVI（可选）
图像控制	亮度、对比度、色度、色调、拼接方式等均可设定

4. 超窄边液晶拼接幕墙的技术优势

1）超窄边。超窄边液晶拼接单元最吸引眼球的就是其超越物理极限的 6.7mm 双边拼接缝隙（两边分别为 4.3mm 和 2.4mm），从人的视觉来讲显示效果完全超乎想象。

2）超高亮度、超高对比度和超高清晰度。超窄边液晶拼接屏拥有 3000:1 的超高对比度，其亮度达到 $700cd/m^2$，保证了显示色彩的丰富性，无论光线明暗，画质依然清晰。同时，拼接幕墙最高可达 1920×1200 的分辨率，1080P 高清显示效果画面细腻、内容丰富。

3）宽视角。超窄边拼接屏采用最先进的 PVA 图像处置调整技术，可视角度达双 178°，完全满足不同角度的观看需求。

4）无风扇设计，运行无噪声。

5）可超长时间工作，使用寿命更长。完全按照工业标准设计，满足 24h 不间断工作需求，具有高达 60000h 以上的使用寿命。

6）模块化设计。每个单元屏均有独立的图像处理模块和电源模块。同时，幕墙可实现任意行（M）×任意列（N）的拼接，可按照用户的具体需求进行个性化设计。

7）超简易拼接。可采用"积木"式拼接安装方式，无需专业工具装卸，单元与底座结合为一体，美观大方，拆装十分方便。

8）领先的拼接技术。全硬件嵌入式拼接，无需安装拼接控制器，可实现幕墙系统的轻松拼接与控制。

9）全制式接收。液晶显示器能接驳多数常用视频信号源，包括复合视频（NTSC、PAL、SECAM）、标准 AV 信号（Video&Audio）、DVD/HDTV 以及计算机输出的 VGA 信号。

5. 超窄边液晶拼接幕墙的安装技术

为保证工程质量和设备的可靠运行，达到最佳的显示效果，需符合以下安装技术和要求：

（1）装修建议　装修格调清新、色调偏冷，以简捷明快为好。

无论顶棚采用何种材料装修处理，颜色乳白、或银灰、或浅灰均可，但应亚光着色，表面一定不能有强烈反光。

墙面饰面板色调明快，配以较深的线条，适当部位配以吸声材料，墙面以亚光为主。

地面最好用防静电地板，或铺地毯，或使用其他不反光的地面材料，颜色较深。

（2）室内照明　屏幕前面 2m 内为暗区，一定不能安装荧光灯管，可安装内藏式筒灯，平行于屏幕排列，且要单独可控开与关。

整个大厅的灯按平行于屏幕方向分组进行控制，不要选用较强光的光源，灯光的布置原则是：使工作区有足够的灯光强度，但对屏幕又不会产生明显的影响。

太阳光对图像效果影响最大。大厅两侧可能射入的光线应有必要的遮挡（如窗帘等）。

（3）空调及其温度、湿度控制　空调出风口的风绝对不能对着液晶墙直吹，以避免液晶墙冷热不均匀而损坏。

液晶墙设备能在相对湿度10%～90%、温度10～50℃的条件下正常工作，但为确保设备长时间正常运行无误以及延长系统使用寿命，液晶墙工作环境应与计算机工作环境相同，即室温22℃±5℃、相对湿度70%±10%。

（4）安装环境　装修基本完成，现场清洁、无杂物，控制中心要求不能漏水，地面要保持干燥，墙体不能潮湿。液晶拼接墙附近不能采用喷水消防头，要用喷雾灭火器。

（5）系统供电　机房内所有配电线路的电线、电缆应有金属线槽或线管保护，并做好接地。每个电源接线口的最大电流值不应小于10A。插座及照明用电线路应设有漏电保护开关。机房内所有的电气材料均应有消防部门认可的生产证书，所有电线、电缆均应为阻燃或难燃型。

（6）系统信号源　在整套系统安装调试前把各类网络计算机信号、视频信号以及独立PC信号备好，并把信号源布置在机柜附近，方便安装调试人员操作。指定专门的一台计算机作为控制PC，用于调试和日常的操作使用。

（7）系统接地　大楼无设备专用接地时应安装专用接地系统。计算机专用电源采用独立接地，不得与防雷接地共用接地体。按标准要求计算机专用电源电阻不大于2Ω。其他接地分为交流工作接地、安全保护接地、防雷接地体，应小于4Ω。如接地采用综合接地系统，接地电阻按计算机专用接地电阻要求，接地电阻不大于2Ω。

（8）消防要求　机房内应配备消防检测（温感、烟感）装置，并备有气体灭火装置。

（9）安装要求　安装地面要求平整结实，承载力强，不变形。基座一般直接与抗静电地板接触，以保证地面长期承重受力不变形。如果幕墙嵌入安装在墙壁上，需确保底板有足够的承载力。

小　　结

随着我国经济的高速发展，建筑业的发展也突飞猛进，建筑幕墙作为建筑的外围护结构和外装饰做法，新产品、新技术层出不穷。

双层幕墙是由外层幕墙、热通道和内层幕墙（或门、窗）构成，且在热通道内可以形成空气有序流动的建筑幕墙。双层幕墙根据通风层的结构不同可分为"封闭式内通风"和"敞开式外通风"两种。双层玻璃幕墙具有高效节能、环境舒适、采光合理、隔声降噪、安全合理的特点。

光电幕墙（屋顶）是将传统幕墙（屋顶）与光电效应相结合的一种新型建筑幕墙（屋顶），其是利用太阳能来发电的一种新型的绿色能源技术。

木质幕墙具有施工方便简捷、节省劳动力、劳动强度低、施工效率高、可有效控制成本、减少材料浪费的特点，且施工过程中无污染，有较好的环境效益。

水幕墙是环境艺术的重要组成部分，其集水动力学原理、声学、光学、建筑学、景观学于一体，装饰性极强。水幕墙适用于室内、室外，它是按照空气自然分解水分子的原理，巧妙设计的写字楼、酒店、售楼处、大堂的"瀑布"。

最新的液晶幕墙采用超窄边液晶显示单元，融入了多项最新专利技术，形成高清晰度、网络化、数字化、智能化、集成化、全硬件嵌入式超窄边液晶拼接幕墙。

思 考 题

1. 何为双层幕墙？双层幕墙的类型有哪些？
2. 双层玻璃幕墙有何特点？
3. 简述双层幕墙的工作原理。
4. 简述双层幕墙的节能技术。
5. 何为光电幕墙？光电电池基本原理是什么？
6. 光电幕墙设计需注意哪些问题？
7. 简述光电幕墙安装与维护要点。
8. 简述木质幕墙的工艺原理和工艺特点。
9. 简述木质幕墙的施工工艺。
10. 何为水幕墙？水幕墙施工工艺流程及操作要点有哪些？
11. 何为超窄边多屏拼接幕墙？超窄边液晶拼接幕墙的技术优势有哪些？
12. 简述超窄边液晶拼接幕墙的安装技术。

项 目 实 训

1. 实训目的

通过课堂学习结合课下实训达到了解幕墙行业前沿新材料、新技术，提高学生的创新能力和钻研精神的目的。

2. 实训内容

进行新型幕墙的初步研究（指导教师可给出一个新型幕墙的研究报告，让学生作为参考），了解幕墙行业的前沿新材料、新技术、新工艺、新方法，完成新型幕墙研究报告。

3. 实训要点

1）学生通过对新型幕墙的研究，加深对新型幕墙的理解，掌握新型幕墙的新技术和新方法，进一步加强对专业知识的理解。

2）分组制定计划并实施，培养学生的团队协作能力，获取幕墙新技术的研究能力和学习方法。

4. 实训过程

1）实训准备要求

① 做好实训前相关资料查阅工作，熟悉新型幕墙的研究方向。

② 准备实训所需的工具与素材。

2）实训要点

① 实训前做好技术分析。

② 制定实训计划。

③ 分小组进行实训，小组内部应有分工合作。

3）实训操作步骤

① 按照研究要求，确定研究方向，选择研究项目。

② 利用信息技术获取研究资料。

③ 在实训场地进行讨论与研究。

④ 做好实训记录和相关技术资料整理工作。

⑤ 完成研究报告后，进行小组互评和最终评定。

4）教师指导点评和疑难解答。

5）进行总结。

5. 项目实训基本步骤

步　骤	教师行为	学生行为
1	交代工作任务背景，引出实训项目	（1）分好小组 （2）准备实训工具和场地
2	布置新型幕墙研究应做的准备工作	
3	明确研究项目的步骤	
4	学生分组进行实训，教师巡回指导	完成新型幕墙实训全过程
5	指导点评实训成果	自我评价或小组评价
6	实训总结	小组总结并进行经验分享

6. 项目评估

项目：		指导老师：	
项目技能	技能达标分项	备　注	
研究报告	1. 交底完善，得 0.5 分 2. 准备工作完善，得 0.5 分 3. 实训过程正确，得 1.5 分 4. 研究报告合格，得 1.5 分 5. 分工合作合理，得 1 分	根据职业岗位、技能需求，学生可以补充完善达标项	
自我评价	对照达标分项，得 3 分为达标； 对照达标分项，得 4 分为良好； 对照达标分项，得 5 分为优秀	客观评价	
评议	各小组间互相评价，取长补短，共同进步	提供优秀作品观摩学习	

自我评价　　　　　　　　　　　　　　个人签名

小组评价　达标率_____　　　　　组长签名_____

　　　　　良好率_____

　　　　　优秀率_____

　　　　　　　　　　　　　　　　　　　　　　　年　　月　　日

193

参 考 文 献

[1] 中华人民共和国建设部 . GB 50210—2001 建筑装饰装修工程质量验收规范 ［S］. 北京：中国建筑工业出版社，2002.

[2] 中华人民共和国建设部 . GB/T 21086—2007 建筑幕墙 ［S］. 北京：中国建筑工业出版社，2007.

[3] 中华人民共和国建设部 . JGJ 102—2003 玻璃幕墙工程技术规范 ［S］. 北京：中国建筑工业出版社，2003.

[4] 中华人民共和国建设部 . JGJ 133—2001 金属与石材幕墙工程技术规范 ［S］. 北京：中国建筑工业出版社，2001.

[5] 中华人民共和国建设部 . JGJ/T 139—2001 玻璃幕墙工程质量检验标准 ［S］. 北京：中国建筑工业出版社，2002.

[6] 中华人民共和国住房和城乡建设部 . GB 50009—2012 建筑结构荷载规范 ［S］. 北京：中国建筑工业出版社，2012.

[7] 中华人民共和国建设部 . JG/T 231—2007 建筑玻璃采光顶 ［S］. 北京：中国建筑工业出版社，2007.

[8] 赵西安 . 建筑幕墙工程手册 ［M］. 北京：中国建筑工业出版社，2002.

[9] 张芹 . 新编建筑幕墙技术手册 ［M］. 济南：山东科学技术出版社，2005.

[10] 北京市建筑节能与建筑材料管理办公室，北京市建设工程物资协会建筑金属结构专业委员会 . 建筑幕墙安装上岗培训教材 ［M］. 北京：中国建筑工业出版社，2012.

[11] 北京土木建筑学会 . 建筑装饰装修工程施工操作手册 ［M］. 北京：中国建筑工业出版社，2003.

[12] 曹建丽 . 幕墙安装施工培训教材 ［M］. 北京：中国建筑工业出版社，2012.

[13] 张若美 . 建筑装饰施工技术 ［M］. 武汉：武汉理工大学出版社，2004.

[14] 郝永池，薛勇 . 建筑装饰施工技术 ［M］. 北京：清华大学出版社，2013.

[15] 饶勃 . 金属饰面装饰施工手册 ［M］. 3 版 . 北京：中国建筑工业出版社，2006.